甘肃省"十四五"普通高等教育省级规划教材

国家级一流本科专业建设成果教材

土木工程导论

第三版

TUMU GONGCHENG
DAOLUN

朱彦鹏　王秀丽　等 编著

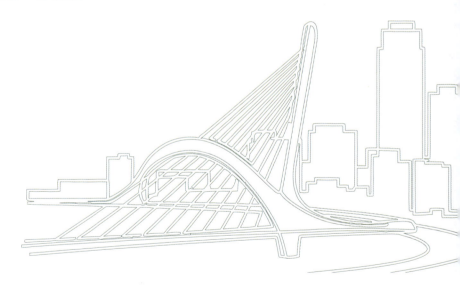

化学工业出版社

·北京·

内容简介

《土木工程导论（第三版）》是根据《高等学校土木工程本科指导性专业规范》的基本要求编写的。土木工程导论是一门专业入门教育课，教材内容首先满足专业教育的基本要求，拓展土木工程的研究与应用范围，培养学生的跨学科思维，使学生全面了解土木工程的过去、现在发展状况并将土木工程的未来描绘给学生。

全书共8章，第1章主要介绍土木工程专业、土木工程师的责任和义务，第2章介绍土木工程发展简史，第3章介绍土木工程的研究内容，第4章介绍土木工程的建设程序与决策，第5章介绍土木工程防灾减灾，第6章介绍绿色土木工程与建筑节能，第7章介绍土木工程智能建造和BIM技术，第8章介绍土木工程的未来。本书编写力求图文并茂、通俗易懂，旨在培养学生对土木工程的浓厚兴趣，帮助学生树立学好土木工程的信心，培养学生作为土木工程师的使命担当。

本书为高等学校土木工程、道路桥梁与渡河工程、工程管理等土木类专业专业基础课教材，也可供其他专业希望了解土木工程的技术人员和行政管理人员参考。

图书在版编目（CIP）数据

土木工程导论 / 朱彦鹏等编著. -- 3版. -- 北京：化学工业出版社，2025.7. --（国家级一流本科专业建设成果教材）. -- ISBN 978-7-122-48369-0

Ⅰ. TU

中国国家版本馆CIP数据核字第2025LS9600号

责任编辑：刘丽菲

责任校对：边　涛　　　　　　　装帧设计：刘丽华

出版发行：化学工业出版社
　　　　　（北京市东城区青年湖南街13号　邮政编码100011）
印　　装：盛大（天津）印刷有限公司
787mm×1092mm　1/16　印张12½　字数304千字
2025年9月北京第3版第1次印刷

购书咨询：010-64518888　　　　　售后服务：010-64518899
网　　址：http://www.cip.com.cn
凡购买本书，如有缺损质量问题，本社销售中心负责调换。

定　　价：58.00元

前言

　　本书第一、二版出版后，得到国内很多院校广泛使用并获得好评。现代技术快速发展，促使土木工程领域的发展也日新月异，教材建设必须跟上时代步伐。本次再版调整了部分内容，修改了上一版书中存在的问题，并增加不少新的内容，以适应专业发展的需求。

　　本书的改编是根据《高等学校土木工程本科指导性专业规范》并考虑土木工程专业教育和未来发展的要求进行的，目的是能够更好地服务于大多数土木工程院校的教学及专业教育。本教材的主要特点是，满足专业教育基本要求，让学生全面了解土木工程过去、现在的发展状况；在满足土木工程专业教学和专业教育要求的同时，融入思政元素；告诉学生未来土木工程专业的拓展研究和应用领域，培养学生跨学科思维，将土木工程的未来描绘给学生。

　　作者从事土木工程专业教育教学四十余年，深知刚入校的土木工程专业大学生对专业内涵与发展方向的迫切认知需求。从 1996 年我国土木工程专业评估开始，大多数院校就陆续开设土木工程概论课，国内各出版社陆续出版了多个版本的土木工程概论/导论教材，有的教材试图将土木工程一些专业知识介绍给学生，这就违背了土木工程导论这门入门教育和专业思想课的初衷。作者讲授土木工程导论二十余年，长期的教学体会就是，本门课程的主要目的就是让学生认识土木工程、了解土木工程、开阔土木工程视野、增加学生学习土木工程的兴趣和未来做好土木工程师的责任心。

　　《土木工程导论》主要介绍土木工程专业及其内涵、土木工程师的责任和义务、土木工程发展简史、土木工程的研究内容、土木工程建设程序与决策、土木工程防灾减灾、绿色土木工程与建筑节能、土木工程智能建造和 BIM 技术以及土木工程的未来等内容。本书的编写力求图文并茂、简单易懂，希望通过本课程的学习能培养起学生学习土木工程的浓厚兴趣，激发其未来建设高质量土木工程、共建美丽中国的神圣使命感。

　　在《土木工程导论》第三版再版时，同时还将出版本书的数字教材，本书配套智慧课程一同上网，以便土木类专业同学们学习使用，本书也可供其他有兴趣学习本课程的读者使用。

　　全书由朱彦鹏和王秀丽等共同编著，陈长流博士改编第 7 章部分内容。

　　本书主审米海珍教授提出了许多宝贵意见，在此表示衷心感谢。

　　由于编写时间仓促，加之编者水平有限，疏漏之处在所难免，敬请读者批评指正。

编著者

2025 年 3 月 31 日

目录

161　第 7 章　土木工程智能建造和 BIM 技术

土木

工程

导论

INTRODUCTION TO
CIVIL ENGINEERING

第1章

绪 论

○○ —— ○○ ○ ○○

　　作为刚入门土木工程专业的学生，可能最想了解：何为土木工程？土木工程是如何产生和发展的？土木工程专业要学习哪些主要内容？我国土木工程现在是什么水平？未来土木工程专业的发展是怎样的？毕业后，作为一名土木工程师的职业规划可能是怎样的？读者可以带着这些疑问学习本章内容。

在线视频
在线习题
读者交流

讨论

为什么说我国是现代土木工程的强国？
如何做好个人的职业规划？

1.1　土木工程的定义

土木工程在英语中被称为"civil engineering"，直译是民用工程，它是相对"military engineering"（军事工程）而命名的。土木工程是建造各类工程设施的科学技术的总称。土木工程是建筑工程、桥梁工程、道路工程、隧道工程、岩土工程、地下工程、铁路工程、矿山设施、港口工程等的统称，其内涵为用各种土木建筑材料修建上述工程的生产活动及其相关工程技术，包括勘测、设计、施工、维护、管理等。它既指工程建设的对象，即建在地上、地下、水中的各种工程设施，也指应用材料、设备进行的勘测、设计、施工、保养、维修等技术。

随着人类社会的发展，经济、科学技术水平的提高，土木工程已经变为解决人类生产、生活空间和通道的综合性科学技术。它包含的范围非常广泛，涵盖了关系到人类生存和发展的衣、食、住、行这四大基本要素，成为人类生活中必不可少的一门科学技术。

土木工程一般需要解决以下四个问题：第一个是为人类活动需要（既有物质方面的也有精神方面的）提供功能良好、舒适美观的空间和通道，这是土木工程的根本目的和出发点；第二个是抵御自然灾害或人为作用力，前者如地震、风灾、水灾等，后者如工程振动、战争和人为破坏等；第三个是要充分发挥材料的作用，因为材料是建造土木工程的根本条件；第四个是通过有效的技术途径和组织手段，利用各个时期社会能够提供的物资设备条件，"好、快、省"地组织人力、财力、物力，把社会所需要的工程设施建造成功，付诸使用。

土木工程是国家的重要行业和支柱产业，为人民的生活和生产提供各类设施，是提高人民生活水平和社会物质文明的基础保障。现代土木工程对拉动社会经济有重要作用，不仅满足了人们不断提高的需求，而且促进了材料、能源、环保、机械、服务业等领域的快速发展。土木工程在今后相当长的阶段将面临更高居住质量，更便捷的出行需求，更全方位的空间拓展，更系统的基础设施维护、改造与升级以及更强抵御灾害的能力等诸多方面的挑战，同时这些挑战也构成了土木工程专业长久不衰、不断创新的源动力。

1.2　土木工程的产生和发展

土木工程作为一个传统产业，解决了人类生存和发展中住和行的问题，从开始就是人类生活的重要组成部分，它的发展是伴随着人类进步而不断发展的。

对土木工程的发展起关键作用的，首先是作为工程物质基础的建筑材料，其次是随之发展起来的设计理论和施工技术。每当出现新的优良的建筑材料时，土木工程就会有飞跃式的发展。根据建筑材料的发展，土木工程经历了三次飞跃。

① 人们在早期只能依靠泥土、木料及其他天然建筑材料从事营造活动，后来出现了砖和瓦这种人工建筑材料，使人类第一次冲破了天然建筑材料的束缚。我国在公元前 11 世纪的西周初期制造出瓦。最早的砖出现在公元前 5 世纪至公元前 3 世纪战国时的墓室中。砖和瓦具有比土更优越的力学性能，不仅易于加工制作，而且易于就地取材。

砖和瓦的出现使人们开始广泛地、大量地修建房屋和城防工程等。由此，土木工程技术得到了飞速的发展。长达两千多年的时间里，砖和瓦一直是土木工程的重要建筑材料，为人类文明作出了伟大的贡献，甚至目前还被广泛采用。

② 钢材的大量应用是土木工程的第二次飞跃。17 世纪 70 年代开始使用生铁、19 世纪初开始使用熟铁建造桥梁和房屋，这是钢结构出现的前奏。从 19 世纪中叶开始，冶金业冶炼并轧制出抗拉和抗压强度都很高、延性好、质量均匀的建筑钢材，随后又生产出高强度钢丝、钢索。于是适应发展需要的钢结构得到蓬勃发展。除应用于原有的梁、拱结构外，新兴的如桁架、框架、网架结构、悬索结构逐渐推广，出现了结构形式百花争艳的局面。建筑物跨度也从砖结构、石结构、木结构的几米、几十米发展到钢结构的百米、几百米，直到现代的千米以上。

为适应钢结构工程发展的需要，在牛顿力学的基础上，材料力学、结构力学、工程结构设计理论等应运而生。施工机械、施工技术和施工组织设计的理论也随之发展，土木工程从经验上升成为科学，在工程实践和基础理论方面都面貌一新，从而促成了土木工程更迅速的发展。

③ 19 世纪 20 年代，波特兰水泥制成后，混凝土问世了。混凝土的组成材料可以就地取材，混凝土制成的构件易于成型，但混凝土的抗拉强度很小，用途受到限制。19 世纪中叶以后，钢铁产量激增，随之出现了钢筋混凝土这种复合建筑材料，其中钢筋承担拉力，混凝土承担压力，发挥了各自的优点。20 世纪初以来，钢筋混凝土广泛应用于土木工程的各个领域。

从 20 世纪 30 年代开始，出现了预应力混凝土。预应力混凝土结构的抗裂性能、刚度和承载能力大大高于钢筋混凝土结构，因而用途更为广阔。土木工程进入了钢筋混凝土和预应力混凝土占统治地位的历史时期。混凝土的出现给土木工程带来了新的经济、美观的工程结构形式，使土木工程产生了新的施工技术和工程结构设计理论。这是土木工程的又一次飞跃发展。

④ 现代土木工程的发展是伴随着土木工程基础理论研究的飞速进步，新材料的不断出现，材料性能的不断提高，新型结构的不断发明创造，大型高水平施工机械不断研发创新，现代计算机技术的出现而快速发展的。其中计算机的出现与发展使复杂结构的分析不再是难以克服的工程问题，使土木工程建设日新月异、发展神速。

土木工程的信息化已经在土木工程实际施工的全过程得到应用。土木工程信息化是用计算机、通信、自动控制等信息汇集处理高新技术对传统土木工程技术手段及施工方式进行改造与提升，促进土木工程技术及施工手段不断完善，使其更加科学、合理，有效地提高效率、降低成本。实现土木工程的信息化将引起土木工程企业管理方式的深刻革命，必然推动企业团队的重组及施工流程的优化，促使企业管理理念和手段的革新。土木工程的信息化是土木工程市场发展的高级阶段，必定融入现代物流业、电子商务业和信息产业，从而实现土木工程的高效益、高效率。土木工程信息化可以通过智能化技术实现，智能化是以三维数字技术为基础，集成了建筑工程项目各种相关信息的工程数据模型，是对工程项目设施实体与功能特性的数字化表达。该技术将在第 7 章简要介绍。

随着经济持续稳定增长，城市化进程加快，以川藏铁路、南水北调（西线）、西气东输、西电东送等为代表的一大批西部大开发和国家能源交通基础设施项目，以雄安新区为代表的各大中城市的基础设施项目，还有量大面广的城乡基础设施建设项目正处在建设高潮之中。实施迎接经济全球化挑战的大战略，土木工程作为国民经济的支柱产业之一，在这重要的发展机遇中肩负重任，必须把握住大课题，如土木工程的智能化建设，实现更高层次的技术创新和素质提升。

1.3　现代中国是世界土木工程的强国

我国土木工程的发展历史已久。在古代，我国就有不少著名的土木工程代表，如长城、赵州桥、都江堰水利工程等。我国现代土木工程起步较晚，但是发展迅速。自新中国成立，特别是改革开放以来，凭借经济的发展和城市化进程的加快，我国的土木工程开始了新一轮的高速发展并取得举世瞩目的辉煌成就。

从建筑高度角度看，目前我国最高的建筑是排名世界第三的上海中心大厦（632m，118层），截至图书出版前，世界上前 20 位最高建筑，我国有 11 个，充分体现现代中国土木工程建筑建设的发展成就。

从交通角度看，2024 年我国高速公路总里程达 19 万公里，居世界第一，我国高速铁路营业里程达 4.8 万公里，占世界的 70% 以上，我国有以北京、上海为代表的最大地铁修建规模，以大兴国际机场为代表的最大机场修建规模，这些工程的建造体现了现代中国土木工程交通建设能力。

从土木工程材料角度看，2024 年，世界水泥产量约 41.3 亿吨，中国约 18.25 亿吨，占世界总量的 44.2%；世界钢产量约 18.83 亿吨，中国约 10.05 亿吨，占世界总量的 53.4%，其中钢筋约 1.95 亿吨。我国混凝土结构在各种结构中占比超过 60%，超过世界平均水平 50%。巨大的土木工程材料和设备的生产能力体现了中国制造支持土木工程建设。

从绿色建筑角度看，随着社会进步和基础设施建设的快速、高质量，资源短缺、环境破坏和水、土、空气污染等发展难题成为人们关注的焦点。土木工程也必须肩负起人类可持续发展的重任，绿色发展成为现代土木工程发展的一个重要方向。中国北京的国家体育场"鸟巢"、国家游泳中心"水立方"和国家大剧院等现代建筑就是大量运用了绿色环保技术的杰出代表作。这些建筑工程的建成充分体现了绿色土木工程在中国的发展。

从桥梁工程角度看，我国的桥梁建设发展迅速，并取得了可喜的成就。除在宽阔的长江、黄河、珠江上相继建设起了无数座跨江大桥外，我们还修建了如港珠澳大桥、杭州湾大桥、胶州湾大桥、金塘大桥等一大批跨海大桥。除此外，我国的海底隧道工程也加快了发展的步伐。这些超级桥梁工程的建成体现了我国土木工程的非凡"跨越"能力。

从水利建设角度看，新中国成立以来至2024年，全国已建成各类水库9.8万座，总库容9320亿立方米。其中：大型水库732座，总库容7210亿立方米，占全部总库容的79.8%；中型水库3934座，总库容111亿立方米。建设和整修大江大河堤防近30万公里，目前防洪工程发挥的经济效益达7000多亿元。我国先后建成了青海龙羊峡大坝、四川二滩大坝等水利水电工程，特别是现已建成并投入使用的三峡水电站总装机容量达2275万千瓦，超过了伊泰普水电站而跃居世界第一。这些大型水利工程体现了我国土木工程在水利建设上的能力和巨大潜力。

拓展阅读

2003年4月下旬，在北京市昌平区小汤山疗养院北部，由4000余工人用7个昼夜建成小汤山非典医院，这是一所特殊时期的特殊医院，是建筑面积2.5万平方米的临时建筑，收治了全国1200名非典病人，这家医院曾被世界卫生组织专家称为"世界医疗史上的奇迹"。

1.4　土木工程专业学习的主要内容

随着人类社会的发展，土木工程已经演变成为综合性学科，它已经出现许多分支，如建筑工程、铁路工程、道路工程、桥梁工程、特种结构工程、给水排水工程、港口工程、水利水电工程、环境工程等学科。土木建筑类的相关专业有：建筑学、城市规划、土木工程、智能建造、工程软件、工程管理、工程造价、建筑环境与能源应用工程、给水排水科学与工程等。典型土木工程专业本科培养方案如下：

（1）培养目标

本专业旨在培养适应国家经济社会发展需求的高级专门人才。学生将系统掌握土木工程学科的基本理论、专业知识和技能，接受工程师基本训练，具备分析、评价及解决土木工程领域复杂问题的能力。学生毕业后可在建筑工程、岩土与地下工程、智能建造等领域从事勘察、设计、施工及管理工作，兼具扎实的实践能力与团队协作精神。通过培养，学生将成为德智体美劳全面发展，兼具远大理想、家国情怀、创新精神和国际视野的复合型人才。

学生毕业五年后应具备以下能力：

①具备扎实的土木工程学科理论知识和应用能力；

②具备系统解决土木工程学科复杂工程问题的能力及创新实践能力；

③具有国际视野、团队协作精神和沟通管理能力；

④具备良好的职业道德和适应社会需求的人文心理素质和自主学习完善的能力。

（2）毕业要求

① 工程知识：能够将数学、自然科学、工程基础和专业知识用于解决土木工程专业的复杂工程问题。

② 问题分析：能够应用数学、自然科学和工程科学的基本原理，识别、表达、并通过

文献研究分析土木工程专业的复杂工程问题，以获得有效结论。

③ 设计（开发）解决方案：考虑社会、健康、安全、法律、文化以及环境等因素，能够设计（开发）满足土木工程特定需求的体系、结构、构件（节点）或者施工方案，并在提出复杂工程问题的解决方案时具有创新意识。

④ 研究：能够基于科学原理、采用科学方法对土木工程专业的复杂工程问题进行研究，包括设计实验、收集、处理、分析与解释数据，通过信息综合得到合理有效的结论并应用于工程实践。

⑤ 使用现代工具：能够针对复杂工程问题，开发、选择与使用恰当的技术、资源、现代工程工具和信息技术工具，包括对复杂工程问题的预测与模拟，并能够理解其局限性。

⑥ 工程与社会：能够基于土木工程相关的背景知识和标准，评价土木工程项目的设计、施工和运行的方案，以及复杂工程问题的解决方案，包括其对社会、健康、安全、法律以及文化的影响，并理解土木工程师应承担的责任。

⑦ 环境和可持续发展：能够理解并评价土木工程领域中复杂工程问题的实践对环境及社会可持续发展的影响。

⑧ 职业规范：了解中国国情、具有人文社会科学素养、社会责任感，能够在工程实践中理解并遵守工程职业道德和行为规范，做到责任担当、贡献国家、服务社会。

⑨ 个人和团队：在解决土木工程学科的复杂工程问题时，能够在多学科组成的团队中承担个体、团队成员或负责人的角色。

⑩ 沟通：能够就土木工程学科的复杂工程问题与业界同行及社会公众进行有效沟通和交流，包括撰写报告和设计文稿、陈述发言、表达或回应指令。具备一定的国际视野，能够在跨文化背景下进行沟通和交流。

⑪ 项目管理：在与土木工程专业相关的多学科环境中理解、掌握、应用工程管理原理与经济决策方法，具有一定的组织、管理和领导能力。

⑫ 终身学习：具备自主学习和终身学习的意识，能够不断提升自主学习能力以适应土木工程领域的新发展。

（3）主干学科

力学、土木工程。

（4）专业核心课程

这里以土木工程专业（建筑工程方向、岩土与地下工程方向）为例，介绍核心课程设置。

① 建筑工程方向：材料力学、结构力学、土力学、土木工程制图、土木工程材料、工程测量、基础工程、混凝土结构设计、钢结构设计、房屋建筑学、建筑结构抗震、土木工程施工等。

② 岩土与地下工程方向：材料力学、结构力学、土力学、土木工程制图、土木工程材料、工程测量、混凝土结构设计原理、钢结构设计原理、工程地质学、地下工程施工技术、地下空间规划与设计、地下结构设计、地下结构抗震、隧道工程等。

（5）主要实践性教学环节

① 建筑工程方向：房屋建筑学课程设计、钢筋混凝土楼盖课程设计、钢结构课程设计、土木工程施工课程设计、工程地质实习、工程测量实习、工程软件实训、认识实习、生产实习、毕业实习及毕业设计等。

②　岩土与地下工程方向：支挡工程课程设计、地下工程施工技术课程设计、地基与基础工程课程设计、地下结构设计课程设计、地下空间规划与设计课程设计、隧道工程课程设计、工程地质实习、工程软件实训、认识实习、生产实习、毕业设计等。

（6）主要实验

材料力学实验、土木工程材料实验、工程测量实验与实训、土力学实验、水力学实验、工程化学实验、大学物理实验、土木工程结构试验、岩土工程测试技术实验等。

（7）基本学制

四年。

（8）毕业标准

具有学籍的学生，德育、智育、体育成绩合格，在规定的学习年限内修满培养计划规定的必修课、选修课及各种实践教学环节，获得的总学分不少于 160 学分，准予毕业，发给毕业证书。

（9）学位授予条件

符合学校关于授予学士学位的有关规定条件的毕业生，可授予工学学士学位。

（10）课程学分与学时分配

这里以土木工程专业（建筑工程方向、岩土与地下工程方向）为例，请扫码查看。

1.5　学好土木工程建设美好家园

我们居住的房屋、通勤的地铁隧道、各类体育场馆、休闲场所、工业厂房、现代农业设施、高速公路、高铁网络、跨海大桥、海底隧道、水利水电工程以及新能源基地建设，都与土木工程息息相关。任何行业的发展都离不开基础设施的支撑，人类的生产生活也无一能脱离土木工程。土木工程专业人才活跃在国民经济建设的各个领域，可以说，没有土木工程就缺乏日常生活的基本保障。社会发展需要土木工程支撑，这个行业始终保持着蓬勃发展的生命力。

（1）数百万土木工程师筑就国家基础设施建设的脊梁

自改革开放以来，中国经历了快速的经济发展和大规模的基础设施建设，土木工程学科作为支撑国家建设的重要学科，培养了大量专业人才。根据国家统计局的数据，从 1977 年恢复高考到 2025 年的 40 余年，我国基础设施建设一直在高速增长，土木工程人才培养也在同步增长，47 年间全国培养的土木工程类专业人才超过 200 万，数百万土木工程师为国家建设和社会发展做出了巨大贡献，筑就了国家基础设施建设的脊梁。

（2）土木工程发展前景广阔

建筑业是中国的重要行业和支柱产业，为人们的生活和生产提供各类设施，是提升人民生活水平和社会物质文明的基础保障，对拉动社会经济具有重要作用。同时，满足人们日益增长需求的现代土木工程，也带动了材料、能源、环保、机械、服务业等领域的快速发展。未来相当长时期内，土木工程将面临更高的居住质量、更便捷的出行需求、更全面的空间拓展、更系统的基础设施维护改造与升级，以及更强的灾害抵御能力等多方面挑战。这些挑战也构成了土木工程专业持续发展、不断创新的核心动力。

随着房地产市场的起伏变化，土木工程专业的就业形势也相应波动，许多高校土木工程

专业学生选择转专业，这与就业市场竞争加剧有关，也反映出该专业当前面临的挑战。土木工程正处于波浪式发展的低谷期，这种态势容易让人产生行业饱和、基础设施建设即将完成的错觉。然而事实上，我国基础设施建设远未结束——作为发展中国家，城乡一体化进程仍在推进，土木工程领域仍有大量工作需要完成。

当前，新型城镇化战略、"一带一路"倡议的提出，以及城镇化进程的深入推进，未来二三十年土木工程领域仍然处于持续发展期，对专业人才的需求也将长期存在，同时对人才也提出了新的要求。因此，土木工程专业仍具有广阔的发展前景和巨大的职业潜力。

（3）现代技术必将武装和改造传统的土木工程专业

土木工程作为传统工科的核心领域，正经历着技术革新与行业转型的双重变革。在新经济形态和信息化发展的背景下，新一代信息技术不断涌现，包括高性能计算、人工智能、5G通信、物联网、虚拟现实、增强现实等领域。未来土木工程师需构建"硬技术＋软实力"双核竞争力。除传统力学、材料学基础等外，还需掌握 Python 数据分析、数字孪生建模等智能工具，并具备跨学科协同能力。

在土木建筑行业，与新一代信息技术的结合主要体现在以下方面。

① 绿色低碳。在"双碳"目标驱动下，绿色建造技术、低碳建材研发、建筑废弃物资源化利用等成为行业新赛道。

② 自动化生产。预制构件智能生产线正在重构传统施工模式。BIM 技术深度应用推动工程全生命周期数字化，涵盖设计协同、施工模拟到运维管理的全链条创新。

③ 人工智能。智慧城市发展催生新型基础设施需求，土木工程与物联网、5G 技术的融合催生出智能监测系统，实时感知桥梁健康、建筑沉降等关键数据。

随着韧性城市、城市更新理念，以及沙漠戈壁光伏发电、风电、海上风电、深地空间开发等新场景的拓展，土木建筑行业将呈现"绿色化、智能化、韧性化"三大趋势，持续释放创新机遇。

抗震韧性城市理念推动减隔震技术应用，目前全国各地已实现隔震建筑较大覆盖率，未来防灾减灾将是土木工程努力的方向。

城市更新带来万亿级市场空间，既有建筑改造、地下管廊更新等技术需求激增，要求工程师掌握结构加固、非开挖施工等复合技能。

因此，土木工程专业在基础建设和国家发展中仍占据重要地位。人才培养策略需顺应新时代经济环境的变化，将专业培养方向调整至顺应社会需求与现代技术改造传统土木工程的轨道上，以适应社会发展对土木工程的新要求。

（4）学好土木工程专业

土木工程专业的灵魂是分析计算。土木工程是让造型各异的建构筑物能够落地实施的保证，也是保证建构筑物安全、适用、耐久、经济、美观的重要支撑。建构筑物能抵御多大的地震、台风、海啸，都要看土木工程师的本领。土木工程师责任重大，肩负着保护人民生命财产安全的重要使命。所以，一颗严谨认真负责的心必不可少。

土木工程专业要求学生全面发展，具有较高的综合素质。就专业而言，土木工程师要具备扎实的力学基础、工程结构分析与设计和土木工程施工与管理等方面的能力，这样才能胜任复杂的土木工程建设工作。

为了更好地学习土木工程，我们必须对土木工程有进一步的了解。要熟悉各种概念，培养自己的空间想象、逻辑思维和形象思维的能力，培养自己的制图、识图能力。此外，还应该多到工地实地学习，为将来打下扎实的基础。

一名合格的"土木人"必须具备"识图"与"画图"两项核心专业素养。识图是最基础的技能要求，其中结构施工图作为图纸体系中最复杂的部分，虽采用平法绘制使图面更为简洁，却增加了理解难度，需要较强的空间想象能力。作为土木工程专业的学生，必须掌握建筑施工图的识读能力，以确保各专业间的协调配合。而画图绝非简单的绘图操作，不仅需要熟练运用专业软件，更要理解设计原理——每个公式都必须精确无误，每个参数设置都要明确规范依据，每个计算结果都需复核是否满足规范限值要求。在此基础上，还需掌握电算与手算结果的对比校核方法，方能成长为称职的土木工程师。

几乎所有的土木工程师设计和建造的建构筑物都是独一无二的，绝不可能出现两个完全相同的建筑物。有些建筑物虽然看似相同，但是建筑的场地条件都是不同的。像水坝、桥梁或隧道这样的大型建筑物每一个都完全不同。因此，土木工程师随时要准备应对新的复杂情况。同时工程要考虑的相关影响因素非常多，任何设计上的疏忽都将导致一个失败的工程。这就意味着每一次的工程都是一次大的挑战。

说起土木工程的四年学习，首先要明白本专业的培养目标，通过四年的学习要使自己成为能在房屋建筑、隧道与地下建筑、公路与城市道路、铁路、机场、码头、水利、能源开发等领域的设计、施工、管理、咨询、监理、研究、教育、投资和开发部门从事专业技术或管理工作的高级工程技术人才。针对这么多的要求和问题，我们就要做一个完整的职业生涯规划，在考虑个人的智力、性格、价值观以及家庭等前提下，做好妥善安排，努力推动人生理想和职业规划的实现。在实现自己人生规划的同时，也将会为国家的基础设施建设和我们美好家园建设贡献力量。

 思考题

在线习题

1. 简述土木工程的定义。
2. 土木工程的研究对象和研究内容有哪些？
3. 土木工程是如何产生和发展的？
4. 土木工程专业的培养目标是什么？
5. 为什么说土木工程在我国还是朝阳产业？
6. 简述现代技术如何改造传统土木工程专业？
7. 给自己制订一份职业发展规划。

土木

工程

导论

INTRODUCTION TO
CIVIL ENGINEERING

第2章
土木工程发展简史

土木工程是一门古老的学科。土木工程发展历史一般被分三个阶段，古代土木工程、近代土木工程和现代土木工程。通过本章的学习，我们可以了解土木工程的发展历史并展望土木工程的未来。

在线视频
在线习题
读者交流

 **讨论**

我国土木工程在近40年来取得了哪些主要成就？
展望未来我国土木工程的发展。

为了满足住、行以及生产活动的需要，人类从构木为巢、掘土为穴的原始操作开始，到今天能建造摩天大厦、万米长桥，以至移山、填沟、填海的宏伟工程，经历了漫长的发展过程。

土木工程的发展贯通古今，它同社会、经济，特别是与科学、技术的发展有密切联系。土木工程内涵丰富，而就其本身而言，主要是围绕着材料、施工、理论三个方面的演变而不断发展的。为便于叙述，权且将土木工程发展史划分为古代土木工程、近代土木工程和现代土木工程三个阶段。以17世纪工程结构开始有定量分析，作为近代土木工程时代的开端；把第二次世界大战后科学技术的突飞猛进，作为现代土木工程时代的起点。

人类最初居无定所，利用天然掩蔽物作为居处，农业出现以后需要定居，出现了原始村落，土木工程开始了它的萌芽时期。随着古代文明的发展和社会进步，古代土木工程经历了它的形成时期和发达时期，不过因受到社会经济条件的制约，发展颇不平衡。古代无数伟大的工程建设，是灿烂古代文明的重要组成部分。古代土木工程最初完全采用天然材料，后来出现人工烧制的瓦和砖，这是土木工程发展史上的一件大事。古代的土木工程实践使用简单的工具，依靠手工劳动，并没有系统的理论，但通过经验的积累，逐步形成了指导工程实践的成规。

15世纪以后，近代自然科学的诞生和发展，是近代土木工程出现的先声，开启了土木工程理论的奠基时期。17世纪中叶，伽利略开始对结构进行定量分析，这被认为是土木工程进入近代的标志。从此，土木工程成为一门有理论基础的独立学科。18世纪下半叶开始的产业革命，使以蒸汽和电力为动力的机械先后进入了土木工程领域，施工工艺和工具都发生了变革。近代工业生产出新的工程材料——钢铁和水泥，使土木工程发生了深刻的变化，钢结构、钢筋混凝土结构、预应力混凝土结构相继在土木工程中广泛应用。第一次世界大战后，近代土木工程在理论和实践上都臻于成熟，可称为成熟时期。近代土木工程几百年的发展，在规模和速度上都大大超过了古代。

第二次世界大战后，现代科学技术飞速发展，土木工程也进入了一个新时代。现代土木工程所经历的时间尽管只有几十年，但以计算机技术广泛应用为代表的现代科学技术的发展，使土木工程领域出现了崭新的面貌。现代土木工程的新特征是工程功能化、城市立体化和交通高速化等。土木工程在材料、施工、理论三个方面也出现了新趋势，即材料轻质高强化、施工过程工业化和理论研究精细化。

2.1　古代土木工程

土木工程是从新石器时代开始的。随着人类文明的进步和生产经验的积累，古代土木工程的发展大体上可分为萌芽时期、形成时期和发达时期。

（1）萌芽时期

大致在新石器时代，原始人为避风雨、防兽害，利用天然的掩蔽物，如山洞和森林作为住处。当人们学会播种收获、驯养动物以后，天然的山洞和森林已不能满足需要，于是使用简单的木、石、骨制工具，伐木采石，以黏土、木材和石头等，模仿天然掩蔽物建造居住场所，开始了人类早期的土木工程活动。

初期建造的住所因地理、气候等自然条件的差异，仅有"窟穴"和"橧巢"两种类型。以我国为例，在北方气候寒冷干燥地区多为穴居，在山坡上挖造横穴，在平地则挖造袋穴。后来穴的面积逐渐扩大，深度逐渐减小。甘肃省天水市秦安县东北面的五营乡邵店村大地湾遗址（图 2.1），是甘肃东部地区发现较完好的一处原始社会新石器时代古文化遗址，距今 4900～8120 年，共揭露面积 13700m²，遗址总面积为 110 万平方米。出土房址 238 座，灰坑 357 个，墓葬 79 座，窑 38 座，灶台 106 座，防护和排水用的壕沟 8 条。特别值得提出的是大地湾的房屋建筑遗址（图 2.1），不仅规模宏伟，而且结构复杂。尤其是属于仰韶文化晚期（距今约 5000 年前）的 F405 大房子，是一座有三开门和带檐廊的大型建筑，其房址面积 270m²，室内面积 150m²，平地起建，采用木骨泥墙，其复原图为四坡屋顶式房屋。大地湾遗址的房屋，多采用白灰面、多种柱础的建筑方法，充分显示了当时生产力的提高和建筑技术的发展。距今 5000 年的大地湾四期文化发掘出的一座编号为"F901"的建筑（图 2.2），是目前所见我国史前时期面积最大、工艺水平最高的房屋建筑。这座总面积 420m² 的多间复合式建筑，布局规整、中轴对称、前后呼应、主次分明，开创了后世宫殿建筑的先河（图 2.2）。

图 2.1　大地湾遗址复原房屋

图 2.2　甘肃秦安大地湾遗址考古房屋结构

在我国黄河流域的仰韶文化遗址（公元前 5000—前 3000 年）中，遗存有浅穴和地面建筑，建筑平面有圆形、方形和多室联排的矩形。西安半坡遗址（公元前 4800—前 3600 年）有很多圆形房屋，直径为 5～6m，室内竖有木柱，以支顶上部屋顶，四周密排一圈小木柱，起到承托屋檐的结构作用，也是围护结构的龙骨；还有的是方形房屋，其承重方式完全依靠骨架，柱子纵横排列，这是木骨架的雏形（图 2.3）。当时的柱脚均埋在土中，木杆件之间用绑扎结合，墙壁抹草泥，屋顶铺盖茅草或抹泥。在西伯利亚发现用兽骨、北方鹿角架起的半地穴式住所（图2.4）。

图2.3　西安半坡遗址复原图　　　　　图2.4　西伯利亚半地穴式住所场景

　　从中国西安半坡村遗址还可看到有条不紊的部落布局，在浐河东岸的台地上遗存有密集排列的40～50座住房，在其中心部分有一座规模相当大的（平面约为12.5m×14m）房屋，可能是会堂。各房屋之间筑有夯土道路，居住区周围挖有深、宽均约5m的防范袭击的大壕沟，上面架有独木桥。

　　新石器时代已有了基础工程的萌芽，柱洞里填有碎陶片或鹅卵石，即柱础石的雏形。洛阳王湾的仰韶文化遗址（公元前4000—前3000年）中，有一座面积约200m²的房屋，墙下挖有基槽，槽内填卵石，这是墙基的雏形（图2.5）。在尼罗河流域的埃及，新石器时代的住宅是用木材或卵石做成墙基，上面造木构架，以芦苇束编墙或土坯砌墙，用密排圆木或芦苇束做屋顶。

　　在地势低洼的河流湖泊附近，则从构木为巢发展为用树枝、树干搭成架空窝棚或地窝棚，之后又发展为栽桩架屋的干栏式建筑。中国浙江吴兴钱山漾遗址（约公元前3000年），是在密桩上架木梁，上铺悬空的地板（图2.6）。西欧一些地方也出现过相似的做法，今瑞士境内保存着湖居人在湖中木桩上构筑的房屋。浙江余姚河姆渡新石器时代遗址（公元前5000—前3300年）中，有跨距达5～6m、联排6～7间的房屋，底层架空（图2.7），属于干栏式建筑形式，构件结点主要是绑扎结合，但个别建筑已使用榫卯结合。这种榫卯结合的方法代代相传，延续到后世，为以木结构为主流的中国古建筑开创了先例。

图2.5　洛阳王湾房屋遗址　　　图2.6　浙江吴兴钱山漾遗址　　　图2.7　浙江余姚河姆渡
　　　　　　　　　　　　　　　　　　　　　　　　　　　　　　　　　新石器时代遗址

　　这时期的土木工程还只是使用石斧、石、石锛、石凿等简单的工具，所用的材料都是取自当地的天然材料，如茅草、竹、芦苇、树枝、树皮和树叶、砾石、泥土等。人类掌握了伐木技术以后，就使用较大的树干做骨架；有了煅烧加工技术，就使用红烧土、白灰粉、土坯等，并逐渐懂得使用草筋泥、混合土等复合材料。人们开始使用简单的工具和天然材料建房、筑路、挖渠、造桥，土木工程完成了从无到有的萌芽阶段。

（2）形成时期

随着生产力的发展，农业、手工业开始分工。大约公元前3000年起，在材料方面，开始出现经过烧制加工的瓦和砖；在构造方面，形成木构架、石梁柱、券拱等结构体系；在工程内容方面，有宫室、陵墓、庙堂，还有许多较大型的道路、桥梁、水利等工程；在工具方面，美索不达米亚（两河流域）和埃及在公元前3000年左右，中国在商代（公元前16—前11世纪），开始使用青铜制的斧、凿、钻、锯、铲等工具。后来铁制工具逐步推广，并有简单的施工机械，也有了经验总结及形象描述的土木工程著作。公元前5世纪成书的《考工记》记述了木工、金工等工艺，以及城市、宫殿、房屋建筑规范，对后世的宫殿、城池及祭祀建筑的布局有很大影响。在一些国家或地区已形成早期的土木工程。

我国在公元前21世纪，传说中的夏代部落领袖禹用疏导方法治理洪水，挖掘沟洫进行灌溉。公元前5—前4世纪，在今河北临漳，西门豹主持修筑引漳灌邺工程，是中国最早的多首制灌溉工程。都江堰工程建于公元前3世纪，由李冰父子主持修建，都江堰创意科学，设计巧妙，解决了围堰、防洪、灌溉以及水陆交通问题，举世无双，至今造福于四川，使成都平原成为"沃土千里"的天府之国，是世界上迄今为止年代最久、唯一留存、仍在使用的综合性大型水利工程，堪称中国历史上水利工程的典范（图2.8、图2.9）。

图 2.8　都江堰水利枢纽全景　　　　图 2.9　都江堰水利枢纽近景

在大规模的水利工程、城市防护建设和交通工程中，创造了形式多样的桥梁。公元前12世纪初，我国在渭河上架设浮桥，是我国最早在大河上架设的桥梁。再如在引漳灌邺工程中，在汾河上建成30个墩柱的密柱木梁桥；在都江堰工程中，为了提供行船的通道，架设了索桥。

我国利用黄土高原的黄土为材料创造的夯土技术，在我国土木工程技术发展史上占有很重要的地位。早在甘肃大地湾新石器时期的大型建筑就用了夯土墙。河南偃师二里头有商朝早期的夯筑筏式浅基础宫殿群遗址，以及郑州发现的商朝中期版筑城墙遗址、安阳殷墟（约公元前1100年）的夯土台基，都说明当时的夯土技术已经成熟。以后相当长的时期里，中国的房屋等建筑大多采用夯土基础和夯土墙壁。

春秋战国时期，战争频繁，广泛用夯土筑城防敌。秦朝时期在魏、燕、赵三国夯土长城基础上筑成万里长城，后经历代多次修筑，留存至今，成为举世闻名的长城（图2.10、图2.11）。

这时期我国的房屋建筑主要使用木构架结构。在商朝首都宫室遗址中，残存有一定间距和直线行列的石柱础，柱础上有铜锧，柱础旁有木柱的烬余，说明当时已有相当大的木构架建筑。《考工记·匠人》中有"殷人……四阿重屋"的记载，可知当时已有两层楼，四阿顶的建筑了。西周的青铜器上也铸有柱上置栌斗的木构架形象，说明当时在梁柱结合处已使用"斗"作过渡层，柱间联系构件"额枋"也已形成。这时的木构架已开始有中国传统使用的柱、额、梁、枋、斗拱等。

图 2.10　中国的夯土长城 　　　　图 2.11　嘉峪关夯土长城

　　我国在西周时代已出现陶制房屋板瓦、筒瓦、人字形断面的脊瓦和瓦钉，解决了屋面防水问题。春秋时期出现陶制下水管、陶制井圈和青铜制杆件结合构件。在美索不达米亚（两河流域），制土坯和砌券拱的技术历史悠久。公元前 8 世纪建成的亚述国王萨尔贡二世宫，是用土坯砌墙、用石板、砖、琉璃贴面。

　　埃及人在公元前 3000 年进行的大规模水利工程以及神庙和金字塔的修建中，积累和运用了几何学、测量学方面的知识，使用了起重运输工具，组织了大规模协作劳动。埃及吉萨金字塔是一个群体的总称，其中三座最大、保存最好的金字塔是由埃及第四王朝的三位皇帝命名：胡夫金字塔、哈夫拉金字塔和门卡乌拉金字塔，在公元前 2600 年—前 2500 年建成（图 2.12）。这些金字塔，在建筑设计上计算准确，施工精细，规模宏大。胡夫金字塔是一座几乎实心的巨石体，用 200 多万块巨石砌成。成群结队的人将这些大石块沿着地面斜坡往上拖运，然后在金字塔周围以一种脚手架的方式层层堆砌。著名的斯芬克斯狮身人面像（图 2.13），在哈夫拉金字塔的东面，距胡夫金字塔约 350m，是世界上最著名的金字塔之一，身长约 73m，高约 21m，脸宽约 5m。据说这尊斯芬克斯狮身人面像的头像是按照法老哈夫拉的样子雕成，作为看护他的俑住地——哈夫拉金字塔的守护神。它凝视前方，表情肃穆，雄伟壮观。

图 2.12　金字塔 　　　　　图 2.13　斯芬克斯狮身人面像

　　这个时期还建造了大量的宫殿和神庙建筑群，如公元前 16—前 4 世纪在底比斯等地建造的凯尔奈克神庙建筑群，这个始建于 3900 多年前的卡纳克神庙位于埃及城市卢克索北部，是古埃及帝国遗留的一座壮观的神庙。神庙内有大小 20 余座神殿、134 根巨型石柱、狮身公羊石像等古迹，气势宏伟，令人震撼（图 2.14）。

　　希腊早期的神庙建筑用木屋架和土坯建造，屋顶荷重不用木柱支承，而是用墙壁和石柱承重。约在公元前 7 世纪，大部分神庙已改用石料建造。公元前 5 世纪建成的雅典卫城，在建筑、庙宇、柱式等方面都具有极高的水平。其中，如巴台农神庙全用白色大理石砌筑，庙宇宏大，石质梁柱结构精美，是典型的列柱围廊式建筑（图 2.15）。

图 2.14　凯尔奈克神庙建筑群　　　　　　　图 2.15　巴台农神庙

在城市建设方面，早在公元前 2000 年前后，印度建成摩亨佐·达罗城，城市布局有条理，方格道路网主次分明，阴沟排水系统完备。中国现存的春秋战国遗址证实了《考工记》中有关周朝都城"方九里、旁三门，国（都城）中九经九纬（纵横干道各九条），经涂九轨（南北方向的干道可九车并行），左祖右社（东设皇家祭祖先的太庙，西设祭国土的坛台），面朝后市（城中前为朝廷，后为市肆）"的记载。这时中国的城市已有相当的规模，如齐国的临淄城，宽 3km，长 4km，城壕上建有 8m 多跨度的简支木桥，桥两端为石块和夯土制作的桥台。

（3）发达时期

铁制工具的普遍使用，提高了工效；工程材料中逐渐增添复合材料；工程内容则伴随社会的发展，道路、桥梁、水利、排水等工程日益增加。这时期大规模营建了宫殿、寺庙，专业分工日益细致，技术日益精湛，从设计到施工已有一套成熟的经验：运用标准化的配件方法加速了设计进度，多数构件都可以按"材"或"斗口""柱径"的模数进行加工；用预制构件，现场安装，以缩短工期；统一筹划，提高效益，如中国北宋的汴京宫殿，施工时先挖河引水，为施工运料和供水提供方便，竣工时用渣土填河；改进当时的吊装方法，用木材制成"戥"和"绞磨"等起重工具，可以吊起三百多吨重的巨材，如北京故宫三台的雕龙御路石以及罗马圣彼得大教堂前的方尖碑等。

① 建筑工程。这个时期的建筑工程，我国主要是采用木结构体系，欧洲则以石拱结构为主。中国古建筑在这一时期出现了与木结构相适应的建筑风格，形成独特的中国木结构体系。根据气候和木材产地的不同情况，在汉代即分为抬梁、穿斗、井干三种不同的结构方式，其中以抬梁式为普遍。抬梁式结构在平面上形成柱网，柱网之间可按需要砌墙和安门窗。房屋的墙壁不承担屋顶和楼面的荷重，使墙壁有极大的灵活性。在宫殿、庙宇等高级建筑的柱上和檐枋间安装斗拱。

佛教建筑是中国东汉以来建筑工程中的一个重要方面，南北朝和唐朝大量兴建佛寺。公元 8 世纪建的山西五台山南禅寺正殿和公元 9 世纪建的佛光寺大殿，是保留至今较完整的中国木结构建筑。中国佛教建筑对日本等国也有很大影响。佛塔的建造促进了高层木结构的发展。公元 11 世纪建成的山西应县佛宫寺释迦塔（图 2.16，应县木塔），塔高 67.3m，八角形，底层直径 30.27m，每层用梁柱斗拱组合为自成体系的完整、稳定的构架，9 层的结构

图 2.16　山西应县佛宫寺释迦塔

中有 8 层是用 3m 左右的柱子支顶重叠而成，充分做到了小材大用。塔身采用内外两环柱网，各层柱子都向中心略倾（侧脚），各柱的上端均铺斗拱，用交圈的扶壁拱组成双层套筒式的结构。这座木塔不仅是世界上现存最高的木结构建筑之一，而且在杆件和组合设计上，也隐含着对结构力学的巧妙运用。

约公元 1 世纪，中国东汉时，砖石结构有所发展。在汉墓中已可见到从梁式空心砖逐渐发展为券拱和穹窿顶。根据荷载的情况，有单拱券、双层拱券和多层拱券。每层券上卧铺一层条砖，称为"伏"。这种券伏相结合的方法在后来的发券工程中普遍采用。自公元 4 世纪北魏中期，砖石结构已用于砖塔、石塔建筑以及石桥等方面。公元 6 世纪建于现河南登封市的嵩岳寺塔（图 2.17），是中国现存最早的密檐砖塔。

早在公元前 4 世纪，罗马采用券拱技术砌筑下水道、隧道、渡槽等土木工程，在建筑工程方面继承和发展了古希腊的传统柱式。公元前 2 世纪，用石灰和火山灰的混合物作胶凝材料（后称罗马水泥）制成的天然混凝土得到广泛应用，有力地推动了古罗马券拱结构的大发展。公元前 1 世纪，在券拱技术基础上又发展了十字拱和穹顶。公元 2 世纪时，在陵墓、城墙、水道、桥梁等工程上大量使用发券。券拱结构与天然混凝土并用，其跨越距离和覆盖空间比梁柱结构要大得多，如罗马万神庙的圆形正殿屋顶，直径为 43.43m，是古代最大的圆顶庙（图 2.18）。卡拉卡拉浴场采用十字拱和拱券平衡体系。古罗马的公共建筑类型多，结构设计、施工水平高，样式手法丰富，并初步建立了土木建筑科学理论，如维特鲁威著《建筑十书》（公元前 1 世纪）奠定了欧洲土木建筑科学的体系，系统地总结了古希腊、罗马的建筑实践经验。古罗马的技术成就对欧洲土木建筑的发展有深远影响。进入中世纪以后，拜占庭建筑继承古希腊、罗马的土木建筑技术并吸收了波斯、小亚细亚一带文化成就，形成了独特的体系，解决了在方形平面上使用穹顶的结构和建筑形式问题——把穹顶支承在独立的柱上，取得开敞的内部空间，如圣索菲亚教堂为砖砌穹顶，外面覆盖铅皮，穹顶下的空间深 68.6m，宽 32.6m，中心高 55m（图 2.19）。8 世纪在比利牛斯半岛上的阿拉伯建筑（图 2.20），运用马蹄形、火焰式、尖拱等拱券结构。公元 785—987 年，白衣大食王国国王阿卜杜勒·拉赫曼一世欲使科尔多瓦成为与东方匹敌的伟大宗教中心，在罗马神庙和西哥特式教堂的遗址上修建的科尔多瓦大礼拜寺，即用两层叠起的马蹄券（图 2.21）。中世纪西欧各国的建筑，意大利仍继承罗马的风格，以比萨大教堂建筑群（11—13 世纪）为代表；其他各国则以法国为中心，发展了哥特式教堂建筑的新结构体系。哥特式建筑采用骨架券为拱顶的承重构件，飞券扶壁抵挡拱脚的侧推力，并使用二圆心尖券和尖拱。巴黎圣母院的圣母教堂是早期哥特式教堂建筑的代表（图 2.22）。

15—16 世纪，标志意大利文艺复兴建筑开始的佛罗伦萨主教堂穹顶（图 2.23），是世界最大的穹顶之一，内径为 43m，高 30 多米，在其正中央有希腊式圆柱的尖顶塔亭，连亭总

图 2.17   河南登封嵩岳寺塔   图 2.18   罗马万神庙   图 2.19   圣索菲亚教堂

图 2.20　比利牛斯半岛上的
阿拉伯建筑

图 2.21　科尔多瓦大礼拜寺

图 2.22　巴黎圣母院的圣母教堂

计高达 107m，在结构和施工技术上均达到很高的水平。罗马圣彼得大教堂（图 2.24）集中了 16 世纪意大利建筑、结构和施工的成就。意大利文艺复兴时期的土木建筑工程内容广泛，除教堂建筑外，还有各种公共建筑、广场建筑群，如威尼斯的圣马可广场等（图 2.25）。这一时期人才辈出，理论活跃，如 L.B. 阿尔贝蒂著《论建筑》是意大利文艺复兴时期重要的理论著作，体系完备，影响很大，同时施工技术和工具都有很大进步，除已有打桩机外，还有桅式和塔式起重设备以及其他新的工具。

图 2.23　佛罗伦萨
主教堂的穹顶

图 2.24　罗马圣彼得大教堂

图 2.25　威尼斯的圣马可广场

　② 道路桥梁。秦朝在统一中国的过程中，运用各地不同的建设经验，开辟了连接咸阳各宫殿和苑囿的大道，以咸阳为中心修筑了通向全国的驰道，主要线路宽 50 步，统一了车轨，形成了全国规模的交通网。比中国的秦驰道早些，在欧洲，罗马建设了以罗马城为中心，包括有 29 条辐射主干道和 322 条联络干道，总长约达 78000km 的罗马大道网。中国汉代的道路长约达 30 万里以上，为了越过高峻的山峦，修建了褒斜道、子午道，恢复了金牛道等许多著名栈道，所谓"栈道千里，通于蜀汉"。随着道路的发展，在通过河流时需要架桥渡河，秦始皇为了沟通渭河两岸的宫室，首先营建咸阳渭河桥，为 68 跨的木构梁式桥，是秦汉史籍记载中最大的一座木桥。世界著名的现存第二早的隋代（590—608 年）单孔圆弧弓形敞肩石拱桥——赵州桥（图 2.26）依然挺立在清水河上。建于明朝永乐四年的故宫（图 2.27）等，都是中国古人智慧的结晶。

图 2.26　赵州桥

图 2.27　北京故宫

③ 水利工程。这个时期水利工程也有新的成就。公元前 3 世纪，中国秦代在今广西兴安开凿灵渠，总长 34km，落差 32m，沟通湘江、漓江，联系长江、珠江水系，后建成能使"湘漓分流"的水利工程（图 2.28）。公元 7 世纪初，中国隋代开凿了世界历史上最长的大运河，共长 2500km（图 2.29）。13 世纪元代兴建大都（今北京），科学家郭守敬进行了元大都水系的规划，由北部山中引水，汇合西山泉水成湖泊，流入通惠河。元大都水系图见图 2.30，这样可以截留大量水源，既解决了都城的用水，又接通了从都城向南直达杭州的南北大运河。公元前 3—公元 2 世纪，古罗马采用券拱技术筑成隧道、石砌渡槽等城市输水道 11 条，总长 530km。在法国尼姆城的加尔河谷输水道桥（公元 1 世纪建），是古罗马为供应城市生活用水而建的输水道，有 268.8m 长的一段是架在 3 层叠合的连续券上（图 2.31）。

图 2.28　广西灵渠

图 2.29　京杭大运河

图 2.30　元大都水系图

图 2.31　尼姆城的加尔河谷输水道桥

④ 城市建设。在城市建设方面，中国隋朝在汉长安城的东南，由宇文恺规划、兴建大兴城。唐朝复名为长安城，陆续改建，南北长 9.72km，东西宽 8.65km，按方整对称的原则，将宫城和皇城放在全城的主要位置上，按纵横相交的棋盘形街道布局，将其余部分划为 108 个里坊，分区明确、街道整齐。对城市的地形、水源、交通、防御、文化、商业和居住条件等，都作了周密的考虑。它的规划、设计为日本建设平安京（今京都）所借鉴。这个时期在土木工程工艺技术方面也有进步，分工日益细致，工种已分化出木作（大木作、小木作）、瓦作、泥作、土作、雕作、旋作、彩画作和窑作（烧砖、瓦）等。到 15 世纪意大利的有些工程设计，已由过去的行会师傅和手工业匠人逐渐转向出身于工匠而知识化了的建筑师、工程师来承担。这一阶段出现了多种仪器，如抄平水准设备、度量外圆和内圆及方角等几何形状的器具"规"和"矩"。计算方法方面也有进步，已能绘制平面、立面、剖面和细部大样等详图，并且可使用模型设计的表现方法。

大量的工程实践促进人们认识的深化，编写出许多优秀的土木工程著作，出现了众多的优秀工匠和技术人才，如中国宋喻皓著《木经》、李诫著《营造法式》，以及意大利文艺复兴时期阿尔贝蒂著《论建筑》等。欧洲于 12 世纪以后兴起的哥特式建筑结构，到中世纪后期已经有了初步的理论，其计算方法也有专门的记录。

2.2　近代土木工程

从 17 世纪中叶到 20 世纪中叶第一次世界大战后的三百余年被称为"近代土木工程阶段"，在这一时期，力学和结构理论、土木工程材料和施工技术等方面都有迅速的发展和重大的突破，土木工程开始逐渐形成一门独立的学科。土木工程在这一时期的发展可分为奠基时期、进步时期和成熟时期三个阶段。

（1）奠基时期

17 世纪到 18 世纪下半叶是近代科学的奠基时期，也是近代土木工程的奠基时期。伽利略、牛顿等所阐述的力学原理是近代土木工程发展的起点。意大利学者伽利略在 1638 年出版的著作《关于两门新科学的谈话和数学证明》中，论述了建筑材料的力学性质和梁的强度，首次用公式表达了梁的设计理论。这本书是材料力学领域中的第一本著作，也是弹性体力学史的开端。1687 年牛顿总结的力学运动三大定律是自然科学发展史的一个里程碑，直到现在还是土木工程设计理论的基础。瑞士数学家 L. 欧拉在 1744 年出版的《曲线的变分法》建立了柱的压屈公式，计算出了柱的临界压屈荷载，这个公式在分析工程构筑物的弹性稳定方面得到了广泛的应用。法国工程师 C.A.de 库仑 1773 年写的著名论文《建筑静力学各种问题极大极小法则的应用》，说明了材料的强度理论、梁的弯曲理论、挡土墙上的土压力理论及拱的计算理论。这些近代科学奠基人突破了以现象描述、经验总结为主的古代科学的框架，创造出比较严密的逻辑理论体系，加之对工程实践有指导意义的复形理论、振动理论、弹性稳定理论等在 18 世纪相继产生，这就促使土木工程向深度和广度发展。尽管同土木工程有关的基础理论已经出现，但就建筑物的材料和工艺看，仍属于古代的范畴，如我国 1694 年建造的雍和宫（图 2.32）、建于 1204 年的法国卢浮宫（图 2.33）、于 1631 年至 1653 年在阿格拉建造的印度泰姬陵（图 2.34）、坐落在俄罗斯圣彼得堡宫殿广场上建于 1754 年至 1762 年的冬宫（图 2.35）等。土木工程实践的近代化，还有待于产业革命的推动。

图 2.32　北京雍和宫

图 2.33　法国卢浮宫

图 2.34　印度泰姬陵

图 2.35　俄罗斯圣彼得堡宫殿广场冬宫

（2）进步时期

18 世纪下半叶是土木工程的进步时期。在这一时期，西方崛起迅速，具有历史意义的近代土木工程杰作很多，如 1872 年在美国纽约建成了世界上第一座钢筋混凝土结构的房屋，1883 年美国在芝加哥由称为"摩天楼之父"的詹尼（B.Jenney）建造的 11 层芝加哥家庭保险大厦（图 2.36），是世界上最先用铁框架（部分钢架）承受全部大楼的重力、外墙仅为自承重墙的高层建筑，是现代高层建筑的开端。1889 年，法国在巴黎建造了高 300m 的埃菲尔铁塔，用钢 8000t（图 2.37），这是近代高层建筑结构的萌芽。此外，由奥蒂斯（E.Otis）在 19 世纪 50 年代初期发明的安全升降机也使高层建筑成为可能，他最先采用蒸汽动力升降机，直到 1857 年在纽约才安装了第一台人乘用的电梯。

土木工程的施工方法在这个时期开始了机械化和电气化的进程。蒸汽机逐步应用于抽水、打桩、挖土、轧石、压路、起重等作业。19 世纪 60 年代内燃机问世和 19 世纪 70 年代电机出现后，很快就创造出各种各样的起重运输、材料加工、现场施工用的专用机械和配套机械，使一些难度较大的工程得以加速完工：1825 年英国首次使用盾构机开凿泰晤士河河底隧道；1871 年瑞士用风钻修筑 8 英里（1 英里 =1.61km）长的隧道；1905—1921 年瑞士修筑通往意大利的 19.8km 长的辛普朗隧道（图 2.38），使用了大量黄色炸药以及凿岩机等先进设备。

图 2.36 芝加哥家庭保险大厦   图 2.37 法国巴黎埃菲尔铁塔   图 2.38 瑞士辛普朗隧道

产业革命带来了交通方面土木工程的发展。在航运方面，有了蒸汽机为动力的轮船，使航运事业面目一新，这就要求修筑港口工程，开凿通航轮船的运河。19 世纪上半叶开始，英国、美国大规模开凿运河，1869 年苏伊士运河通航和 1914 年巴拿马运河的凿成，体现了海上交通已完全把世界连成一体。在铁路方面，1825 年 G. 斯蒂芬森建成了从斯托克顿到达灵顿，长 21km 的第一条铁路，并用他自己设计的蒸汽机车行驶，取得成功。之后，世界上其他国家纷纷建造铁路。1869 年美国建成横贯北美大陆的铁路，20 世纪初俄国建成西伯利亚大铁路。20 世纪，铁路已成为不少国家国民经济的大动脉。1863 年英国伦敦建成了世界第一条地下铁道，长 7.6km，之后地下铁道建设如火如荼，在城市中发挥着越来越重要的作用。在公路方面，1819 年英国马克当筑路法明确了碎石路的施工工艺和路面锁结理论，提倡积极发展道路建设，促进了近代公路的发展。19 世纪中叶内燃机制成，随后 1885—1886 年德国 C.F. 奔驰和 G.W. 戴姆勒制成用内燃机驱动的汽车。1908 年美国福特汽车公司用传送带大量生产汽车以后，大规模地实施公路建设工程。铁路和公路的空前发展也促进了桥梁工程的进步。早在 1779 年英国就用铸铁建成跨度 30.5m 的拱桥（图 2.39）。1826 年英国 T. 特尔福德用锻铁建成了跨度 177m 的麦内悬索桥（图 2.40），1850 年 R. 斯蒂芬森用锻铁和角钢拼接成不列颠箱管桥（图 2.41），1890 年英国福斯湾建成两孔主跨达 521m 的悬臂式桁架梁桥（图 2.42）。现代桥梁的三种基本形式（梁式桥、拱桥、悬索桥）在这个时期相继出现了。

图 2.39　英国 1779 年建成跨度 30.5m
的铸铁拱桥

图 2.40　麦内悬索桥

图 2.41　不列颠箱管桥

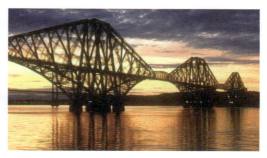

图 2.42　英国福斯湾两孔主跨达
521m 的悬臂式桁架梁桥

　　产业革命也带来了房屋建筑及市政工程方面土木工程的发展。电力的应用，电梯等附属设施的出现，使高层建筑实用化成为可能；电气照明、给水排水、供热通风、道路桥梁等市政设施与房屋建筑结合配套，开始了市政建设和居住条件的近代化。这一阶段，房屋结构在结构上要求安全和经济，在建筑上要求美观和适用。科学技术发展和分工的需要，促使土木和建筑在 19 世纪中叶，开始分化成为各有侧重的两个单独学科分支。

　　工程实践经验的积累促进了理论的发展，19 世纪，土木工程逐渐需要有定量化的设计方法，对房屋和桥梁设计，要求实现规范化。由于材料力学、静力学、运动学、动力学逐步形成，各种静定和超静定桁架内力分析方法和图解法得到很快的发展。1825 年 C. L. M. H. 纳维建立了结构设计的容许应力分析法；19 世纪末 G.D.A. 里特尔等人提出钢筋混凝土理论，应用了极限平衡的概念；1900 年前后钢筋混凝土弹性方法被普遍采用。各国还制定了各种类型的设计规范。1818 年英国不列颠土木工程师学会的成立，是工程师结社的创举，其他各国和国际性的学术团体也相继成立。理论上的突破，反过来极大地促进了工程实践的发展，这样就使近代土木工程这个工程学科日臻成熟。

（3）成熟时期

　　第一次世界大战以后，近代土木工程发展到成熟阶段。这个时期的一个标志是道路、桥梁、房屋大规模建设的出现。

在交通运输方面，由于汽车在陆路交通中具有快速和机动灵活的特点，道路工程的地位日益重要。沥青和混凝土开始用于铺筑高级路面。1931—1942 年德国首先修筑了长达3860km 的高速公路网，美国和欧洲其他一些国家相继效仿。20 世纪初出现了飞机，飞机场工程迅速发展起来。钢铁质量的提高和产量的上升，使建造大跨桥梁成为现实。1918 年加拿大建成魁北克悬臂桥，跨度 548.6m（图 2.43）；1937 年美国旧金山建成金门大桥，跨度1280m，全长 2825m，是公路桥的代表性工程（图 2.44）；1932 年澳大利亚建成悉尼港湾大桥，为双铰钢拱结构，跨度 503m（图 2.45）。

工业的发达，城市人口的集中，使工业厂房向大跨度发展，民用建筑向高层发展。日益增多的电影院、摄影场、体育馆、飞机库等都要求采用大跨度结构。1925—1933 年在法国、苏联和美国分别建成了跨度达 60m 的圆壳、扁壳和圆形悬索屋盖，中世纪的石砌拱终于被近代的壳体结构和悬索结构所取代。1931 年美国纽约帝国大厦落成，共 102 层，高 378m，有效面积 16 万平方米，结构用钢 5 万余吨，内装电梯 67 部，还有各种复杂的管网系统，可谓集当时技术成就之大成，它保持世界房屋最高纪录达 40 年之久（图 2.46）。

图 2.43　魁北克悬臂桥

图 2.44　旧金山金门大桥

图 2.45　悉尼港湾大桥

图 2.46　美国纽约
帝国大厦

1906 年美国旧金山发生大地震，1923 年日本关东发生大地震，人们生命财产遭受严重损失。1940 年美国塔科马悬索桥毁于风振。这些自然灾害推动了结构动力学和工程抗灾技术的发展。另外，超静定结构计算方法不断得到完善，在弹性理论成熟的同时，塑性理论、极限平衡理论也得到发展。

近代土木工程发展到成熟阶段的另一个标志是预应力钢筋混凝土的广泛应用。1886 年美国人 P. H. 杰克逊首次应用预应力混凝土制作建筑构件，后又用于制作楼板。1930 年法国工程师 E. 弗雷西内把高强钢丝用于预应力混凝土，弗雷西内于 1939 年、比利时工程师 G. 马涅尔于 1940 年改进了张拉和锚固方法，于是预应力混凝土便广泛地进入工程领域，把土木工程技术推向现代化。

我国近代土木工程进展缓慢，直到清末出现洋务运动，才引进一些西方技术。1909 年，中国著名工程师詹天佑主持的京张铁路建成，全长约 200km，达到当时世界先进水平。全路有四条隧道，其中八达岭隧道长 1091m。到 1911 年辛亥革命时，中国铁路总里程为 9100km。桥梁建设方面，1894 年建成用气压沉箱法施工的滦河桥，1901 年建成全长 1027m 的松花江桁架桥，1905 年建成全长 3015m 的郑州黄河桥。中国近代市政工程始于 19 世纪下半叶，1865 年上海开始供应煤气，1879 年旅顺（现辽宁大连）建成近代给水工程，相隔不久，上海也开始供应自来水和电力。1889 年唐山设立水泥厂，1910 年开始生产机制砖。中国近代土木工程教育事业开始于 1895 年创办的天津北洋西学学堂（后称北洋大学，今天津大学）和 1896 年创办的北洋铁路官学堂（后称唐山交通大学，今西南交通大学）。中国近代建筑以 1929 年建成的中山陵和 1931 年建成的广州中山纪念堂（跨度 30m）为代表。1934 年在上海建成了钢结构的 24 层的国际饭店，21 层的百老汇大厦（今上海大厦）和钢筋混凝土结构的 12 层的大新公司大厦。到 1936 年，已有近代公路 11 万公里。中国工程师自己修建了浙赣铁路、粤汉铁路的株洲至韶关段以及陇海铁路西段等。1937 年建成了公路铁路两用钢桁架的钱塘江桥（图 2.47），长 1453m，采用沉箱基础。1912 年成立中华工程师学会，詹天佑为首任会长，20 世纪 30 年代成立中国土木工程师学会（现中国土木工程学会）。到 1949 年，土木工程高等教育基本形成了完整的体系，中国已拥有一支庞大的近代土木工程技术力量。

图 2.47　公路铁路两用钢桁架的钱塘江桥

2.3　现代土木工程

从第二次世界大战结束（1945 年）至今是现代土木工程阶段。随着经济的起飞，文明的进步，科学技术的迅速发展，现代土木工程使用的各种新材料、新结构、新技术、新工艺的涌现，工程设计理论的新进展，机械、信息、通信、计算机等技术的高速发展，不仅为土木工程建设发展提供了良好的技术条件，而且也提供了强大的物资和需求基础。这一时期相继出现了高层和超高层摩天大楼、大规模核电站、新型大跨桥梁、海底隧道、高速公路、高速铁路、大型堤坝、海洋平台和填海造城工程等。现代土木工程形成了功能多样化、建设立体化、交通高速化、设施大型化的特点。由现代土木工程特点，使得构成土木工程的 3 个要素：材料、施工和理论，也都有了新的发展——建筑材料的轻质高强化，施工过程工业化、装配化，设计理论的精确化、科学化。

2.3.1 现代土木工程的特征

（1）功能多样化

现代土木工程已经超越了传统的挖土盖房、架桥修路的范围。土木工程设施要与周边的环境在景观、生态方面协调且有美感，还要求土木工程在建设过程中以及使用后环保、节能、绿色并且能防灾减灾；房屋建筑要智能化，结构布置要与水、电、气、温湿度的调节控制设备相结合。电子技术、生物基因工程等高新技术工业对建筑要求必须满足恒湿、恒温、防微振、防辐射、防碎、无粉尘等。

（2）建设立体化

现代土木工程建设是在地面、空中、地下同时开展、立体发展的，这也是城市现代化的标志。

（3）交通高速化

许多国家地区的高速公路网、高速铁路网、设备先进的大型航空港方兴未艾，新路新港层出不穷。第二次世界大战后各国都大规模兴建高速公路，到目前为止，50多个国家和地区高速公路总长超过了30万公里。

（4）设施大型化

为满足能源、交通、环保及公众活动需要的钻天入地、跨海拦江的大型工程陆续建设，工程结构设施的跨度越来越大，高度越筑越高，深度越挖越深，隧道越凿越长，体积越修越大。

（5）材料轻质高强化

现代土木工程的材料进一步轻质化和高强化。工程用钢的发展趋势是采用低合金钢。中国从20世纪60年代起普遍推广了锰硅系列和其他系列的低合金钢，大大节约了钢材用量并改善了结构性能。高强钢丝、钢绞线和粗钢筋的大量生产，使预应力混凝土结构在桥梁、房屋等工程中得以推广。

标号为42.5～62.5的水泥已在工程中普遍应用，近年来轻集料混凝土和加气混凝土已用于高层建筑。例如美国休斯敦的贝壳广场大楼，用普通混凝土只能建35层，改用了陶粒混凝土，自重大大减轻，用同样的造价建造了52层。而现在大跨度空间结构、高层建筑等结构复杂的工程又反过来要求混凝土进一步轻质、高强化。

高强钢材与高强混凝土的结合使预应力结构得到较大的发展。中国在桥梁工程、房屋工程中广泛采用预应力混凝土结构。重庆长江桥的预应力T构桥，跨度达174m；24～32m的预应力混凝土梁在铁路桥梁工程中用了6万多孔；先张法和后张法的预应力混凝土屋架、吊车梁和空心板在工业建筑和民用建筑中广泛使用。

铝合金、镀膜玻璃、石膏板、建筑塑料、玻璃钢等工程材料发展迅速。新材料的出现与传统材料的改进是以现代科学技术的进步为背景的。

（6）施工过程工业化

大规模现代化建设使建筑标准化达到了很高的程度。人们力求推行工业化生产方式，在工厂中成批地生产房屋、桥梁的构配件、组合体等。预制装配化的潮流在20世纪50年代后席卷了以建筑工程为代表的许多土木工程领域。中国建设规模是巨大的，若不广泛推行标准化，难以完成巨大的工程量。装配化不仅对房屋重要，在中国桥梁建设中引出装配式轻型拱桥，从20世纪60年代开始采用与推广，对解决农村交通起了一定作用。

在标准化向纵深发展的同时，种种现场机械化施工方法在 20 世纪 70 年代以后发展得特别快。采用了同步液压千斤顶的滑升模板广泛用于高耸结构。1975 年建成的加拿大多伦多电视塔高达 553m，施工时就用了滑模，在安装天线时还使用了直升机。现场机械化的另一个典型实例是用一群小提升机同步提升大面积平板的升板结构施工方法。此外，钢制大型模板、大型吊装设备与混凝土自动化搅拌楼、混凝土搅拌输送车、输送泵等相结合，形成了一套现场机械化施工工艺，使传统的现场灌筑混凝土方法获得了新生命，成为一种发展很快的方法。

现代技术使许多复杂的工程成为可能，例如中国宝成铁路有 80% 的线路穿越山岭地带，桥隧相连，成昆铁路桥隧总长占 40%；日本山阳线新大阪至博多段的隧道占 50%；在靠近北极圈的寒冷地带建造第二条西伯利亚大铁路；中国的川藏公路、青藏公路直通世界屋脊。

（7）理论研究精密化

现代科学信息传递速度大大加快，一些新理论与方法，如计算力学、结构动力学、动态规划法、网络理论、随机过程论、滤波理论等的成果，随着计算机的普及而渗透进了土木工程领域。结构动力学说明荷载不再是静止的和确定性的，而将被作为随时间变化的随机过程来处理。美国和日本使用由计算机控制的强震仪台网系统，提供了大量原始地震记录。日趋完备的反应谱方法和直接动力法在工程抗震中发挥很大作用。中国在抗震理论、测震、振动台模拟试验以及结构抗震技术等方面有了很大发展。静态的、确定的、线性的、单个的分析，逐步被动态的、随机的、非线性的、系统与空间的分析所代替。电子计算机使高次超静定的分析成为可能，例如高层建筑中框架 - 剪力墙体系和筒中筒体系的空间工作和大跨桥梁的设计等。

大跨度建筑的形式层出不穷，如薄壳、悬索、网架和充气膜结构，可满足种种大型社会公共活动的需要。大跨建筑的设计也是理论水平提高的一个标志。

从材料特性、结构分析、结构抗力计算到极限状态理论，土木工程各个方面都得到充分发展。例如，可靠性理论被引入土木工程领域，其建立在作用效应和结构抗力的概率分析基础上；工程地质、土力学和岩体力学的发展为研究地基、基础和开拓地下、水下工程创造了条件。理论研究的日益深入，使现代土木工程取得许多质的进展，并使工程实践更离不开理论指导。

此外，现代土木工程与环境关系更加密切，在从使用功能上考虑使它造福人类的同时，还要注意它与环境的协调问题。现代生产和生活时刻排放大量废水、废气、废渣和噪声，污染着环境。环境工程，如废水处理工程等，又为土木工程增添了新内容。因此，伴随着大规模土木工程的建设，带来一个与环境和谐平衡的课题，有待综合研究解决。

从 20 世纪中期至今，世界土木工程发展迅速。改革开放以来，我国土木工程事业也取得了举世瞩目的辉煌成就。下面就近代建筑工程，桥梁工程，隧道工程，公路、铁路和城市地下工程，水利水电工程和特种结构工程等建设情况介绍如下。

2.3.2　建筑工程

19 世纪中叶钢材及混凝土在土木工程中开始使用，20 世纪 20 年代后期预应力混凝土的制造成功，使建造摩天大楼、大跨度建筑和跨海峡 1000m 以上的大桥成为可能。高层建筑成了现代化城市的象征。1974 年芝加哥建成高达 433m 的希尔斯大厦（图 2.48）和 410m 的世界贸易中心（在 2001 年 9·11 恐怖袭击中被摧毁），超过 1931 年建造的纽约帝国大厦的高度。现代高层建筑由于设计理论的进步和材料的改进，出现了新的结构体系，如剪力墙、筒中筒结构等。美国在 1968—1974 年间建造的 3 幢超过百层的高层建筑，自重比帝国大厦减轻 20%，用钢量减少 30%。高层建筑的设计和施工是对现代土木工程成就的一个总检阅。目前，世界上最高建筑是阿联酋的哈利法塔，总高度为 828m，162 层（图 2.49）。1978 年改革开放后，我国城市建设飞速发展，高层建筑大量涌现，目前[1]，我国高层建筑数量约占全世界的 50%，超过 100m 的约占全世界 60%，世界上最高建筑前 20 名我国占 10 个，我国最高的建筑是上海中心大厦，高度为 632m，127 层（图 2.50）。

图 2.48　希尔斯大厦　　　　图 2.49　迪拜的哈利法塔　　　　图 2.50　上海中心大厦

　　21 世纪以来，由于大型体育赛事的发展，世界各国修建了大量大型体育和文化工程，从 1976 年蒙特利尔奥运会开始，体育建筑发展迎来了一个新时代，图 2.51 为蒙特利尔奥运会主赛场。为迎接 2008 年北京奥运会、2022 年冬奥会，北京已建成一大批大跨建筑，如国家体育场"鸟巢"（图 2.52）、国家游泳中心"水立方"、国家速滑馆（图 2.53）等超大型建筑工程。

图 2.51　1976 年蒙特利尔奥运会主赛场　　　　图 2.52　2008 年北京奥运会主赛场

---

❶ 截至出版时。

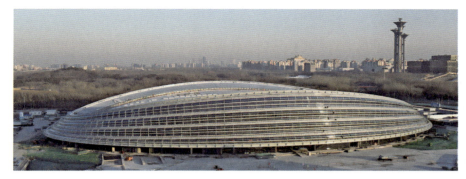

图 2.53　国家速滑馆

无论在工程结构的形式、建筑功能使用、新技术和新材料的采用及合理组织施工方面，还是在抗震分析和计算机程序应用上，以及有关抗震控制试验研究上，我国均达国际先进水平。

2.3.3　桥梁工程

21 世纪以来，世界桥梁建设飞速发展，1998 年日本的东线明石海峡悬索大桥建成，大桥跨度为 1990m，是目前世界跨度最大的悬索桥（图 2.54）。我国建造的斜拉桥——苏通长江公路大桥工程项目，2010 年 10 月竣工验收，当时创造了最大主跨、最深塔基、最高桥塔、最长拉索四项"世界纪录"，也是中国工程项目首次获得美国土木工程协会 2010 年度土木工程杰出成就奖（图 2.55）。世界上最大跨度的拱桥是我国重庆的朝天门长江大桥，跨度为 552m（图 2.56），排名第二的是上海的卢浦大桥，跨度为 550m。我国的桥梁建设发展迅速，有多座桥梁居世界同类型桥梁中跨度排名之首。近几年我国还修建了多个超长的跨海大桥，其中东海大桥长 32km，杭州湾大桥长 36km，胶州湾大桥长 42km，港珠澳大桥长 55km（图 2.57），深中通道长 24km。我国的桥梁工程建设水平已进入世界领先水平。

图 2.54　日本明石海峡悬索大桥

图 2.55　苏通长江公路大桥

图 2.56　重庆朝天门长江大桥

图 2.57　港珠澳大桥

2.3.4　隧道工程

隧道修建在地下或水下或者在山体中，是铺设铁路或修筑公路供机动车辆通行的建筑物。根据其所在位置可分为山岭隧道、水下隧道和城市隧道三大类。随着高速公路、铁路建设的加速，新的施工技术的采用，大量的隧道工程随之出现，目前，除了修建陆地隧道外，大量的海底和江底隧道也已开始修建。在 20 世纪初期，欧洲和北美洲一些国家的铁路网，建成的 5km 以上长隧道有 20 座。日本至 20 世纪 70 年代末共建成铁路隧道约 3800 座，总长约 1850km，其中 5km 以上的长隧道达 60 座，为世界上铁路长隧道最多的国家。连接本州和北海道的青函海底隧道，长达 53850m，为当今世界最长的海底铁路隧道（图 2.58）。英吉利海峡隧道也称为英法海底隧道，把英国英伦三岛与法国连接起来，位于英国多佛港与法国加来港之间，于 1994 年 5 月 6 日开通。它由三条长 51km 的平行隧洞组成，总长度 153km，其中海底段的隧洞长度为 3×38km，是世界第二长的海底隧道及海底段世界最长的铁路隧道（图 2.59）。

图 2.58　青函海底隧道

图 2.59　英吉利海峡隧道

我国于 1887—1889 年在台湾省台北至基隆窄轨铁路上修建的狮球岭隧道，是我国的第一座铁路隧道，长 261m。自 20 世纪 50 年代以来，隧道修建数量大幅度增加，我国最长的铁路隧道是青藏铁路西（宁）格（尔木）段的青海天峻县境内的新关角隧道（图 2.60），全长 32.645km，平均海拔超过 3600m，施工现场地质条件极端复杂。我国最长的公路隧道是秦岭终南山公路隧道，全长 18.02km，双洞总长 36.04km（图 2.61）。我国正在建设的川藏铁路雅林段全长 1011km，桥隧比高达 95.8%，隧道长度达 851.48km，桥梁长度 114.22km。

图 2.60　青藏铁路新关角隧道

图 2.61　秦岭终南山公路隧道

2.3.5　公路、铁路和城市地下工程

我国在 1949 年以后，经历了国民经济恢复时期和规模空前的经济建设时期。截至 2024

年，中国公路总里程已达 549.04 万公里，高速公路达 19.07 万公里，居世界第一，是解放初期的 67 倍以上。到 2024 年底，全国铁路营业里程达到 16.2 万公里以上，其中高速铁路营业里程 4.8 万公里，占世界的 66%，铁路营业里程是 20 世纪 50 年代初的 8 倍。

随着城市建设的飞速发展，城市人口越来越集中，20 世纪中期发达国家开始了地下工程的开发。1863 年 1 月 10 日，世界上第一条地铁——伦敦地铁开始运行。伦敦、纽约、莫斯科、东京等都在 20 世纪建设了较完善的地铁工程，发达国家城市公共交通主要靠地铁来完成，在城市建设的同时，发达国家建设了配套的城市地下管廊，形成了完善的城市市政服务系统。另外，为了保证城市的综合服务和安全，城市地下同时拥有大量地下商业、生活服务和防空系统。截至 2024 年年底，我国已有北京、香港、天津、上海、台北、广州、长春、大连、武汉、深圳、南京、高雄、成都、沈阳、佛山、西安、苏州、昆明、杭州、哈尔滨、郑州、长沙、宁波、无锡、青岛、南昌、福州、东莞、南宁、合肥、贵阳、厦门、乌鲁木齐、温州、济南、兰州、石家庄、徐州、绍兴、南通、常州、呼和浩特、海宁、芜湖、昆山、黄石、太原、淮安等城市先后建成并开通运营城轨交通线路。2024 年，全国城轨交通客运总量达 322 亿人次，北京和上海分列世界城轨交通客运量的第一和第二，2025 年规划线路里程将超过 10000km。此外，我国还有城轨交通在建城市 62 个，在建线路超过 7000km。伴随着中国经济的腾飞，中国城市轨道交通产业步入了高速发展时期。

我国城市地下商业开发、服务设施和防控设施建设也在同步进行。地下综合管廊工程（图 2.62）即解决该问题。我国地下综合管廊建设起步晚，但是发展速度较快。据初步统计，2024 年中国超过 100 个城市在建地下综合管廊，约 10000km。地下综合管廊建设，需要社会资本的巨大投入。如果每年能建 8000km 的管廊，每公里规划投资 1.2 亿元，投资额则达到万亿元。目前我国地下综合管廊建设整体还处在施工建设的初步阶段，以政府试点工程为主，财政扶持额度达到总体投资 30% 左右，扶持力度较大。

图 2.62　地下综合管廊工程

城市道路和铁路多采用高架和向地层深处发展的方式。地下铁道在近几十年得到进一步发展，地铁与建筑物地下室连接，形成地下商业街。地下停车库、地下油库日益增多。城市

道路下面密布着电缆、给水、排水、供热、供燃气的管道，构成城市的脉络。现代城市建设已经成为一个立体的、有机的系统，对土木工程各个分支以及它们之间的协作提出了更高的要求。

2.3.6　水利水电工程

水利水电工程建设方兴未艾，世界上最高的水坝位于塔吉克斯坦瓦赫什河的努列克大坝，大坝的建设始于1961年，完成于1980年，高300m（图2.63）。1949年后，全国兴建大中小水库9.49万座，水库总蓄水量超5000亿立方米，拦蓄洪水1471亿立方米，建设和整修大江大河堤防25万公里，目前防洪工程发挥的经济效益达7000多亿元。在大坝建设方面，我国先后建成了青海龙羊峡大坝、贵州乌江渡大坝、四川二滩大坝等水利水电工程，2006年建成的三峡水电站总装机容量达2275万千瓦，目前是世界上发电量最大水电站（图2.64）。举世瞩目的南水北调工程东线和中线工程（图2.65）已经完工投入使用，西线工程也将会适时开工建设。

图2.63　塔吉克斯坦努列克大坝

图2.64　三峡水电站

2.3.7　特种结构工程

特种结构是指具有特种用途的工程结构，常见的有电视塔、烟囱、水塔、水池等。近年来，特种结构——电视塔发展很快。电视塔一般具有微波传输功能并兼有观光的双重功能。目前世界上最高的电视塔为波兰华尔扎那电视塔，高度为646.38m（图2.66），其次为东京晴空塔，高634m（图2.67）。近年来，我国也建设了许多电视塔，1995年建成的上海东方明珠电视塔，高度468m，已成为上海浦东地标性建筑（图2.68），我国目前最高的电视塔是广州电视塔，于2010年建成，高度达610m（图2.69）。

图 2.65　南水北调中线水渠

图 2.66　波兰华尔扎那电视塔

图 2.67　东京晴空塔

图 2.68　上海东方明珠电视塔

图 2.69　广州电视塔

 思考题

在线习题

1. 土木工程有几个历史发展阶段，各有什么特点？
2. 古代土木工程的主要特征是什么？
3. 近代土木工程在理论、材料和施工技术等方面有哪些重要成就？
4. 现代土木工程的主要成就有哪些？
5. 为什么说我国目前是土木工程的强国？

土木

工程

导论

INTRODUCTION TO
CIVIL ENGINEERING

第 3 章

土木工程的研究
内容

土木工程的主要研究内容涵盖广泛：土木工程材料、土木工程基础、土木工程设计方法、土木工程环境等；针对土木工程对象应用的材料、设备，以及进行勘测、设计、施工、保养、维修等技术活动；土木工程设施如何满足人类活动对舒适性、安全性和耐久性等功能的要求；如何依靠基础理论、施工技术、组织手段和工程设备"多、快、好、省"地建造这些土木工程设施。通过本章的学习，读者可以了解土木工程研究对象和研究内容的方方面面。

讨论

查阅相关资料，了解土木工程的现代高度、现代跨度、现代长度和现代深度。

以某一项土木工程活动为例，请问完成一项土木工程主要有哪些主要技术内容和步骤？

土木工程既指工程建设的对象，即建在地上、地下、水中的各种工程设施，也指应用的材料、设备和进行勘测、设计、施工、保养、维修等技术活动。研究对象包含建筑工程、桥梁工程、铁路工程、公路与城市道路工程、隧道工程、岩土工程与地下工程、矿山工程、水利工程、机场工程、海洋工程、港口工程和给排水工程等，其内涵为用各种土木工程材料修建上述工程的生产活动及其相关工程技术，包括勘测、设计、施工、维护、管理等。

现代土木工程的发展是伴随着土木工程基础理论研究飞速进步，新材料的不断出现，材料性能的不断提高，新型结构的不断发明创造，大型高水平施工机械不断地研发创新，现代计算机技术的出现而快速发展的，这就造就了大量复杂土木工程项目，并使土木工程建设日新月异、发展神速。

根据土木工程的基本功能要求，土木工程设施必须满足人类活动所需要的功能，满足舒适性、安全性和耐久性的要求，同时也要满足人类精神需求。为了达到这些建设目标，土木工程工作者必须研究清楚以下问题。

① 必须研究清楚土木工程材料的物理力学性能，以保证用这些材料建造的土木工程设施能够充分发挥各种材料的作用，在尽量节约材料的前提下，保证结构安全、适用和耐久。

② 必须研究地球引力、风力、气温、地震、振动及爆炸等自然或人为的作用力以及土木工程结构的受力性能和设计方法，以保证在以上荷载作用下结构安全。

③ 必须研究土木工程施工技术、组织手段和工程设备，以便"多、快、好、省"地建造土木工程项目。

④ 必须研究建造土木工程项目时的环境保护和节约能源措施，以便做到土木工程环境友好和资源节约。

3.1　土木工程材料

任何土木工程建（构）筑物都是用相应材料按一定的要求建造成的，土木工程中所使用的各种材料统称为土木工程材料。材料一般分为金属材料和非金属材料两大类。材料按功能分类，一般分为结构材料（承受荷载作用的材料，如基础、柱、梁所用的材料）和功能材料（具有专门功能的材料，如起围护作用、防水作用、装饰作用、保温隔热作用等）。材料还可按用途分类，如建筑结构材料、桥梁结构材料、水工结构材料、路面结构材料、建筑墙体材料、装饰材料、防水材料、保温材料等。各种材料需要研究的内容和范围很广，涉及原料、生产、组成、构造、性质、应用、检验、运输、验收和储存等各个方面。

自古至今土木工程的发展与材料的数量、质量之间存在着相互依赖和相互矛盾的关系。土木工程材料的生产和使用，就是在不断解决这个矛盾的过程中逐渐向前发展的。

3.1.1 砌体

砌体材料是组成建筑物砌体的所有材料。传统意义上的砌体材料主要有砖、砌块、板三种形式的制品。土木工程用的砌体，是由石材、黏土、砌块、砖、混凝土、工业废料等材料做成的块材，如水泥、石灰膏等胶凝材料与砂、水混合做成的砂浆，叠合黏结而成的复合材料。随着建筑业的发展，砌体的功能要求越来越高，用于建筑物的砌体，保温隔热材料、黏结抹灰材料自然成为其不可分割的组成部分。

（1）砖

砖是一种常用的砌筑材料。砖瓦的生产和使用在我国历史悠久，有"秦砖汉瓦"之称。由于制砖的原料容易取得，生产工艺比较简单，价格低，体积小，便于组合，所以至今仍然广泛地用于墙体、基础、柱等砌筑工程中。用黏土砖建造的建筑物可较长时间使用，有的可长达几百年甚至上千年。我国古代的宫殿建筑、北方地区传统的四合院、万里长城，很多都是用黏土砖建造的，至今仍保存完好。而且黏土砖不像石材那样坚硬，作为房屋建筑的墙体材料看上去感觉比较柔和，更容易使人亲近。

普通砖的外形为直角六面体，标准公称尺寸为 240mm×115mm×53mm，再加上 10mm 砌筑灰缝，4 块砖长、8 块砖宽或 16 块砖厚均为 1m。1m³ 砌体需砖 512 块。砖的种类很多，通常按生产工艺分为烧结砖和非烧结砖；按所用原材料分为黏土砖（图3.1）、页岩砖、煤矸石砖、粉煤灰砖（图3.2）、炉渣砖（图3.3）和灰砂砖等；按有无孔洞分为空心砖、多孔砖（图3.4）和实心砖。常用的工业废料有粉煤灰、煤矸石等，它们的化学成分与黏土相近，但因其颗粒细度不及黏土，故可塑性较差，制砖时常需掺入一定量的黏土或水泥，以增加其可塑性。用这些原料烧成的砖，分别称为烧结粉煤灰砖、烧结煤矸石砖等。

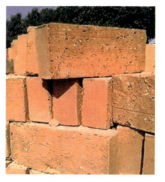

图3.1 黏土砖

图3.2 粉煤灰砖

图3.3 炉渣砖

图3.4 多孔砖

拓展阅读

嵩岳寺塔为砖砌密檐式塔，也是唯一的一座十二边形塔，外部以密檐分为15层，内部以内檐分为10层。该塔历经近1500年风雨侵蚀，仍巍然屹立，是中国现存最早的砖砌佛塔，也是全国古塔中的孤例。

（2）砌块

砌块是利用混凝土、工业废料（炉渣、粉煤灰等）或地方材料制成的人造块材，是砌筑用的建筑材料。砌块一般为直角六面体，属于人造石材。按用途可分为承重砌块和非承重砌块；按有无孔洞分为空心砌块和实心砌块（图3.5、图3.6）；按材质分为硅酸盐砌块、轻集料混凝土砌块、加气混凝土砌块（图3.6）、石膏砌块（图3.7）等。砌块具有生产工艺简单、原料来源广、适应性强、制作方便灵活、改善墙体功能等特点。

图3.5　空心砌块　　　　图3.6　加气混凝土砌块　　　　图3.7　石膏砌块

砌块通常根据所用主要原料及生产工艺命名，如混凝土砌块（以碎石或卵石为粗集料）、轻集料混凝土砌块（以火山灰、煤渣、陶粒、煤矸石为粗集料）、烧结空心砌块、轻质加气混凝土砌块和石膏砌块等。砌块系列中主要规格的长度、宽度或高度有一项或一项以上分别超过365mm、240mm或115mm，但砌块高度一般不大于长度或宽度的6倍，长度不超过高度的3倍。

3.1.2　混凝土

土木工程所用的混凝土是由水泥作为胶凝材料，以砂、石子作集料与水（经常还有各种外加剂和掺合料）按一定比例配合，经搅拌、成型、养护而成的。此外还有保温用的由轻质集料做成的轻混凝土，铺路面用的由沥青和集料做成的沥青混凝土等。

结构用水泥混凝土的强度等级一般为C20～C50，甚至可达C60～C130。C20～C50混凝土在实际受压构件中的抗压设计强度为$10～23N/mm^2$，抗拉设计强度为$1.1～1.9N/mm^2$。由于混凝土的抗拉强度很低，混凝土结构多是由混凝土和钢筋黏结组成的钢筋混凝土结构。混凝土的优点是可模性、耐久性、耐火性、整体性都较好，易于就地取材，价格较低，强度比砖、木材高，能和钢筋黏结做成各种强度高的钢筋混凝土结构；但其自重较大，施工比较复杂，工序多，工期长，易产生裂缝。

（1）混凝土的分类

混凝土的种类很多，分类方法也很多，一般可按表观密度、胶凝材料种类、使用功能和特性等多种方法进行分类。

① 按表观密度分类。

重混凝土：表观密度大于 2600kg/m³ 的混凝土。常由重晶石和铁矿石配制而成。

普通混凝土：表观密度为 1950～2600kg/m³ 的水泥混凝土。主要以砂、石子和水泥配制而成，是土木工程中最常用的混凝土品种。

轻混凝土：表观密度小于 1950kg/m³ 的混凝土。包括轻集料混凝土、多孔混凝土、大孔混凝土等。

② 按胶凝材料的品种分类。通常根据主要胶凝材料的品种，并以其名称命名，如水泥混凝土、石膏混凝土、水玻璃混凝土、硅酸盐混凝土、沥青混凝土、聚合物混凝土等。有时也以加入的特种改性材料命名，如：水泥混凝土中掺入钢纤维时，称为钢纤维混凝土；水泥混凝土中掺入大量粉煤灰时，则称为粉煤灰混凝土。

③ 按使用功能和特性分类。按使用部位、功能和特性通常可分为结构混凝土、道路混凝土、水工混凝土、耐热混凝土、耐酸混凝土、防辐射混凝土、补偿收缩混凝土、防水混凝土、泵送混凝土、自密实混凝土、纤维混凝土、聚合物混凝土、高强混凝土、高性能混凝土等。

（2）混凝土的构成

混凝土的性能在很大程度上取决于组成材料的性能，同时也与施工工艺（搅拌、成型、养护）有关。普通混凝土（以下简称混凝土）是由水泥、水和砂、石子按适当比例配合而成的，为改善混凝土的某些性能，还常加入适量的外加剂和掺合料。在混凝土中，一般以砂子为细集料，石子为粗集料。粗细集料的总含量约占混凝土总体积的 70%～80%，其余为水泥浆和少量残留的空气。

① 水泥。水泥是混凝土的胶凝材料，其性能对混凝土的性质影响很大。在确定混凝土组成材料时，应正确选择水泥品种和水泥强度等级。

② 粗细集料。混凝土用集料按粒径分为细集料和粗集料。它们一般不与水泥浆起化学反应，在混凝土中主要是起骨架作用，因而可以大大节省水泥。同时，还可以降低水化热，大大减小混凝土由于水泥浆硬化而产生的收缩，并起抑制裂缝扩展的作用。图 3.8 为集料的颗粒级配。

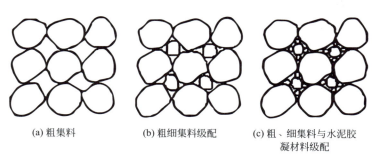

(a) 粗集料　　　　　(b) 粗细集料级配　　　　(c) 粗、细集料与水泥胶
　　　　　　　　　　　　　　　　　　　　　　凝材料级配

图3.8　集料的颗粒级配

③ 拌合及养护用水。根据《混凝土用水标准》（JGJ 63）的规定，凡符合国家标准的生活饮用水，均可拌制和养护各种混凝土。清洁的海水可拌制素混凝土，但不宜拌制有饰面要求的素混凝土。

④ 外加剂和掺合料。在混凝土拌和制备时，为了节约水泥、改善混凝土性能、调节混凝土强度等级而加入的天然的或者人造的矿物材料，统称为混凝土掺合料，也称为矿物外加剂。

在混凝土拌和过程中掺入能按要求改善和调节混凝土性能的材料称为混凝土外加剂。常用的矿物掺合料有粉煤灰、粒化高炉矿渣粉、硅灰、沸石粉、燃烧煤矸石等，粉煤灰应用最普遍。

3.1.3 钢材

土木工程所用钢材的主要成分是铁（Fe，约占99%）和少量的碳（C，通常不超过0.22%），称为低碳钢；若还含少量锰（Mn）、硅（Si）、钒（V）等元素，称为低合金钢。

钢材品质均匀致密，抗拉、抗压、抗弯、抗剪强度都很高。

（1）钢材及其分类

钢材种类很多，按照不同的标准有不同的分类方法。建筑钢材分为钢结构用钢和混凝土结构用钢。前者主要是型钢，后者主要是钢筋、钢丝和钢绞线等。钢结构的常用型材有：槽钢 [图 3.9（a）]、圆钢、角钢 [图 3.9（d）]、工字钢 [图 3.9（e）]、H 型钢 [图 3.9（c）]、钢板、钢管 [图 3.9（b）] 等。钢筋混凝土中常用的主要是各种钢筋 [图 3.9（f）]、钢丝等。

(a) 槽钢　　　　　　　　　(b) 钢管　　　　　　　　　(c) H型钢

(d) 角钢　　　　　　　　　(e) 工字钢　　　　　　　　(f) 钢筋

图3.9　钢材的基本形式

型材、板材、管材可通过焊接、铆接、螺栓连接的方式，组合成各种形状的截面，做成所需要的各种钢结构。低碳钢在结构设计中抗拉和抗压设计强度约为 270N/mm²，低合金钢的抗拉和抗压设计强度可达 360～435N/mm²。钢材的优点是材质均匀、强度高（因而做成的结构相对质量较轻）、塑性好，便于加工安装，可以铸造、锻压、焊接、铆接和切割，便于装配；但耐火性差、易锈蚀、维护费用较高。

（2）钢材的力学性能

① 拉伸性能。拉伸是建筑钢材的主要受力形式，所以拉伸性能是表示钢材性能和选用的钢材的重要指标。将低碳钢（软钢）制成一定规格的试件，放在材料试验机上进行拉伸试验，可以绘出如图 3.10 所示的应力-应变关系曲线。从图中可以看出，低碳钢受拉至拉断，经历了4 个阶段：弹性阶段（$O \sim A$）、屈服阶段（$A \sim B$）、强化阶段（$B \sim C$）和颈缩阶段（$C \sim D$）。

② 冲击韧性。冲击韧性是钢材抵抗冲击荷载而不被破坏的能力。

③ 耐疲劳性。钢材在交变荷载的反复作用下，往往在最大应力远小于其抗拉强度时就发生破坏，这种现象称为钢材的疲劳性。

④ 硬度。硬度是金属材料在表面局部体积内，抵抗硬物压入表面的能力，亦即材料表面抵抗塑性变形的能力。测定钢材硬度采用压入法，即以一定的静荷载（压力），把一定的压头压在金属表面，然后测定压痕的面积或深度来确定硬度。

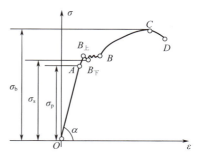

图 3.10　低碳钢受拉应力-应变关系曲线

3.1.4　木材

木材是很好的建筑材料，具有结构自重轻、制作容易，架设简便，工期快，造价低等优点；但也有易燃、易腐朽、结构变形较大等缺点。木材属于各向异性材料，要注意顺纹和横纹方向的强度差异很大（图 3.11）。

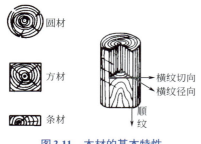

图 3.11　木材的基本特性

轻型木结构建筑具有很多优点，如下所述。

① 耐久性好。只要合理建造，轻型木结构可以说是现有房屋结构中最经久耐用的结构之一，轻型木结构抗沉降、抗干燥、抗老化，具有显著的稳定性。

② 施工周期短。轻型木结构所有结构构件和连接件都是标准化生产的。因此，其施工安装速度远远快于混凝土和砖结构。即使不使用预制构件，一般性的木结构住房由有经验的建筑工人建造，也比建造同样规格的砖混结构住房要快得多。

③ 抗震性强。轻型木结构房屋因其自身质量轻，所以地震时产生的地震作用少，抗震性能优越。

④ 设计布置灵活。轻型木结构因其材料和结构的特点，平面布置更加灵活，为建筑师提供了更大的想象空间。

⑤ 保温节能性好。木材本身就是出色的绝热体，在同样厚度的条件下，木材的隔热值比标准的混凝土高 16 倍，比钢材高 400 倍。轻型木结构住房冬暖夏凉。

主要建筑材料力学性能对比参见图 3.12、图 3.13。

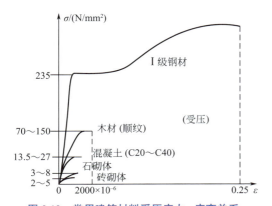

图 3.12　常用建筑材料受压应力-应变关系

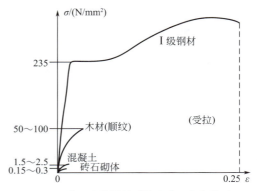

图 3.13　常用建筑材料受拉应力-应变关系

拓展阅读

应县木塔（图2.16）是中国古代木结构建筑的最高成就，也是世界建筑史上独一无二的奇迹，全塔采用纯木结构建造，无钉无铆，与意大利比萨斜塔、法国埃菲尔铁塔并称"世界三大奇塔"。

3.1.5　其他材料

（1）塑料

塑料是以聚合物（或树脂）为主要成分，在一定的温度、压力等条件下可塑制成一定形状，且在常温下能保持其形状不变的有机材料。塑料用作建筑材料始于20世纪50年代，现在，塑料已成为继混凝土、钢材、木材之后的第四种主要建筑材料，有着非常广阔的发展前景。

建筑塑料较传统的建筑材料有许多优点，无论是从本身的生产，还是从在建筑物上使用来讲，都具有良好的节能效果。近年来我国已开始普遍推广使用各种塑料管道卫生设备、塑料装饰板、塑料门窗、泡沫塑料复合墙体等建筑材料，其发展前景十分广阔。塑料作为建筑材料使用也存在一些缺点，主要是弹性模量低、刚度差、易老化、价格高、不耐高温和易燃。

常用的建筑塑料制品有塑料门窗（图3.14）、塑料管道（图3.15）、玻璃钢（玻璃纤维增强塑料）（图3.16、图3.17）、塑料壁纸、塑料地板等。塑料门窗、塑料管道具有耐腐蚀、质量轻、安装维修简便等特点，被用于门窗、排水排污管道等；玻璃钢制品的化学稳定性好、价格低，但刚度不如金属，变形较大，被用作各类采光、围护与装饰材料。

图3.14　塑料门窗

图3.15　塑料管道

图3.16　玻璃钢格板

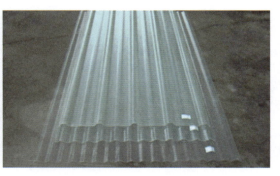

图3.17　FRP玻璃钢采光板

拓展阅读

以玻璃纤维或其制品作增强材料的增强塑料，称为玻璃纤维增强塑料，或称为玻璃钢。

（2）隔热材料

隔热材料通常应具备下列基本条件：导热系数小，足够的抗压强度，在温度、湿度变化时保持尺寸稳定性并具有防火性能。除此以外，还要根据工程的特点，考虑材料的吸湿性、耐腐蚀性等性能以及技术经济指标。为了保证材料的绝热性，安装时应根据情况设置隔汽层或防水层。常用隔热材料有石棉（图 3.18）、玻璃棉和泡沫塑料（图 3.19）。

图 3.18　石棉

图 3.19　泡沫塑料

（3）吸声材料、隔声材料

20 世纪初，西方建筑物呈现古典主义风格，内部有许多立柱、装饰品、装饰线条以及其他一些突出的部位，使得剧场、音乐厅、歌剧院具有较好的声学效果。打破古典主义风格后，这些场所的声学效果变得很差，促使人们开始研究剧场、音乐厅建筑的声学问题。今天，人们已经关注住宅、办公室、工厂的声学问题。在建筑物内控制声音可以给人们提供一个安全、舒适的生活、工作环境，如一般可在教室顶棚上安装吸音板（图 3.20），在影剧院、会议室墙板上安装吸声隔声材料（图 3.21），以提高室内音响效果和避免外界的干扰。

图 3.20　屋顶吸音板

图 3.21　吸声隔声材料

（4）装饰材料

在建筑上，把铺设、粘贴或涂刷在建筑内外表面主要起装饰作用的材料，称为装饰材料。装饰材料除了起装饰作用，满足人们的美感需求以外，还起着保护建筑物主体结构和改善建筑物使用功能的作用，使建筑物耐久性提高，并使其保温隔热、吸声隔声、采光等居住功能得到改善。

建筑装饰材料种类繁多。常见的有天然石材、建筑陶瓷、建筑玻璃和建筑装饰涂料。

① 天然石材。天然石材资源丰富，强度高，耐久性好，加工后具有很强的装饰效果，是一种重要的装饰材料，可用作石材墙面，如图 3.22 所示。天然石材种类很多，用作装饰的主要有花岗岩和大理岩。

② 建筑陶瓷。凡以黏土、长石、石英为基本原料，经配料、制坯、干燥、焙烧而制得的成品，统称为陶瓷制品。用于建筑工程的陶瓷制品，可用作瓷砖作为瓷砖墙面（图 3.23），主要包括釉面砖、外墙面砖、地面砖、陶瓷锦砖、琉璃制品、卫生陶瓷等。

图 3.22 石材墙面

图 3.23 瓷砖墙面

③ 建筑玻璃。建筑玻璃是一种透明的无定形硅酸盐固体物质。熔制玻璃的原材料主要有石英砂、纯碱、长石、石灰石等。石英砂是构成玻璃的主体材料。建筑中较多被用作玻璃幕墙，如图 3.24 所示。

④ 建筑装饰涂料。建筑装饰涂料是指涂敷于物体表面，能与基体材料很好地黏结并形成完整而坚韧保护膜的物料。如图 3.25 所示为外墙涂料。

图 3.24 玻璃幕墙

图 3.25 外墙涂料

（5）防水材料

防水材料主要用于建筑物的屋面防水、地下防水以及其他防止渗透的工程部位。随着现代科学技术的发展，防水材料的品种、数量越来越多，性能各异，各种防水材料分类见图3.26。沥青材料（图3.27）使用的历史很长，直至现在仍是一种用量较多的防水材料。沥青材料成本较低，但性能较差，防水寿命较短。

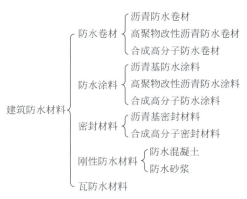

图 3.26　建筑防水材料分类　　　　　　　　　图 3.27　沥青防水卷材

（6）复合板材

以钢丝网水泥夹芯复合板材和彩钢夹芯板材为例介绍复合板材。

钢丝网水泥夹芯复合板材是以两片钢丝网将聚氨酯、聚苯乙烯、脲醛树脂等泡沫塑料、轻质岩棉或玻璃棉等芯材夹在中间，两片钢丝网间以斜穿过芯材的之字形钢丝相互连接，形成稳定的三维桁架结构，然后再用水泥砂浆在两侧抹面，或进行其他饰面装饰（图3.28）的复合板材。钢丝网水泥夹芯复合板材充分利用了芯材的保温、隔热和轻质的特点，两侧又具有混凝土的性能，因此在工程施工中具有如同木结构的灵活性和如同混凝土的表面质量。

彩钢夹芯板材是以硬质泡沫塑料或结构岩棉为芯材，在两侧粘上彩色压型镀锌钢板，其中外露的彩色钢板表面涂以高级彩色塑料涂层，使其具有良好的耐候性和抗腐蚀能力，其结构示意图如图3.29所示。

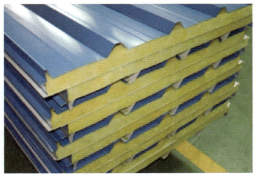

图 3.28　复合板材——泰柏板示意图　　　　　图 3.29　彩钢夹芯板材

这种板材重量轻，导热系数低，由于它加工精确、结构合理、板间连接密封良好，因此具有良好的隔声和密封效果，还具有良好的防潮、防水、防结露和装饰效果。当采用岩棉为芯材时，还有良好的耐火性能。彩钢夹芯板材还具有易安装和易移动的优点，适于大型公共建筑的墙体、原有楼房的加层、各种厂房和办公用房的墙体和屋面。

3.2　土木工程基础

土木工程必须有基础，而基础要作用在地基上，地基一般为大地岩土层。土是由固体矿物颗粒、水和空气三种成分组成（图 3.30），称为土的三相（图 3.31）。在建筑工程中，常把建筑物与土层直接接触的部分称为基础；把支承建筑物重量的土层叫地基。基础位于建筑物最下部，是建筑物的组成部分，它承受着建筑物的全部荷载并将它们传给地基。实际上可以把基础看成墙或柱的延伸。

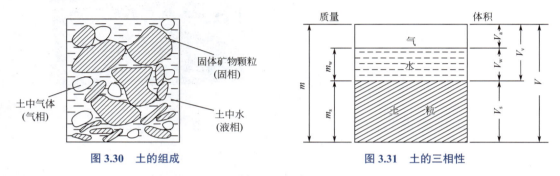

图 3.30　土的组成　　　　　　　　　　图 3.31　土的三相性

地基承受着基础传下来的荷载，并把这些荷载逐渐地分散扩展到土层中去，它不是建筑物的组成部分，只是承受建筑物荷载的土壤层，由持力层和下卧层组成。地基在保证稳定的条件下，每平方米所能承受的最大荷载称为土的"承载力"。

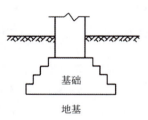

图 3.32　地基与基础示意图

基础工程的内容包括基础设计、地基处理等。基础设计中，首先应根据工程勘察报告提供的工程地质情况、土层承载能力及基础设计建议，确定基础类型。工程中常用的基础类型很多，主要有天然地基上的浅基础、桩基础与深基础。在高层建筑结构中，由于上部荷载较大，桩基础的技术性和经济性都比较好。深基础包括沉井基础、地下连续墙、群桩基础、箱桩基础等，在桥梁工程、水利工程、港口工程中经常会遇到深基础。地基与基础的关系见图 3.32。

3.2.1　浅基础

通常把位于天然地基上、埋置深度小于 5m 的一般基础（柱基或墙基）以及埋置深度虽超过 5m，但小于基础宽度的大尺寸基础（如箱形基础），统称为天然地基上的浅基础。

如果地基属于软弱土层（通常指承载力低于 100kPa 的土层），或者上部有较厚的软弱土层，不适于做天然地基上的浅基础时，也可将浅基础做在人工地基上。

天然地基上的浅基础埋置深度较浅，不用复杂的施工设备，在开挖基坑、必要时支护坑壁和排水疏干后对地基不加处理即可修建，工期短、造价低，因而设计时宜优先选用天然地基。当这类基础及上部结构难以适应较差的地基条件时才考虑采用大型或复杂的基础形式，如连续基础、桩基础或人工处理地基等。

（1）按受力性能分

① 刚性基础。刚性基础（图 3.33）是由砖、毛石、素混凝土和灰土等材料做成的基础。

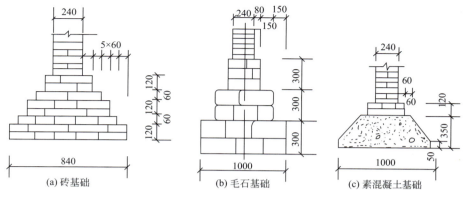

图 3.33　刚性基础

在我国的华北和西北地区，气候比较干燥，广泛采用灰土作基础。灰土一般是用石灰和土按三分石灰和七分黏性土（体积比）配制而成，也称为三七灰土。由于灰土在水中硬化慢、早期强度低、抗水性差以及早期的抗冻性差，所以灰土作为基础材料，一般用于地下水位以上。在我国南方则用三合土基础，即在灰土中加入适量的水泥，可使灰土的强度和抗水性提高。

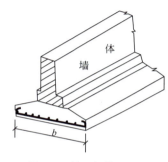

图 3.34　墙下钢筋混凝土扩展基础

② 扩展基础。当刚性基础不能满足承载力要求时，可以用钢筋混凝土基础，称为扩展基础。图 3.34 为墙下钢筋混凝土扩展基础的示意图。

柱下扩展基础和墙下扩展基础一般做成锥形 [图 3.35（a）] 和台阶形 [图 3.35（b）]。对于墙下扩展基础，为了增加基础的整体性和加强基础纵向抗弯能力，可采用有肋的基础形式 [图 3.35（c）]。

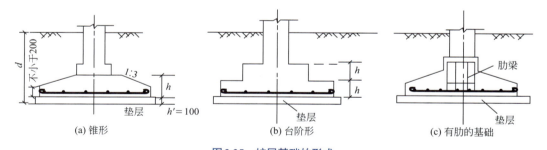

图 3.35　扩展基础的形式

（2）按构造类型分

① 独立基础。房屋建筑中，柱的基础一般为独立基础，如图 3.36 所示。这种基础形式常见于装配式单层工业厂房的基础。

② 条形基础。墙的基础通常连续设置成长条形，称为条形基础，如图 3.37 所示。条形基础在普通的砌体结构中应用相当广泛。

③ 筏板基础和箱形基础。当柱子或墙传来的荷载很大，地基土较软弱，用独立基础或条形基础都不能满足地基承载力要求时，往往需要把整个房屋底面（或地下室部分）做成一片连续的钢筋混凝土板，作为房屋的基础，称为筏板基础，如图 3.38 所示。为了增加基础

板的刚度，以减小不均匀沉降，高层建筑往往把地下室的底板、顶板、侧墙及一定数量的内隔墙一起构成一个整体刚度很强的钢筋混凝土箱形结构，称为箱形基础，如图 3.39 所示。

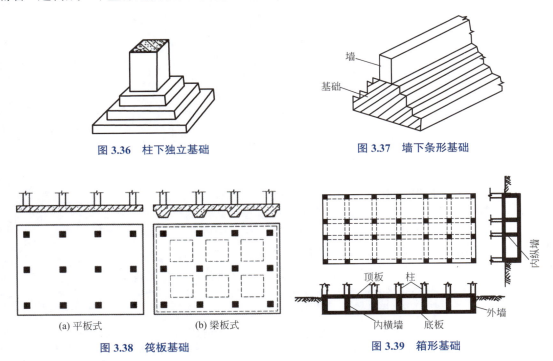

图 3.36   柱下独立基础   图 3.37   墙下条形基础

(a) 平板式   (b) 梁板式

图 3.38   筏板基础   图 3.39   箱形基础

3.2.2   深基础

位于地基深处承载力较高的土层上，埋置深度大于 5m 或大于基础宽度的基础，称为深基础。如桩基础、地下连续墙、墩基础和沉井基础等。图 3.40 所示为桩基础和墩基础。

（1）桩基础

一般采用天然地基且地基承载力不足或沉降量过大时，宜考虑选择桩基础。像高层建筑、纪念性或永久性建筑、设有大吨位的重级工作制吊车的重型单层工业厂房、高耸建筑或构筑物（如烟囱、输电塔等）、大型精密仪器设备等的基础都应优先考虑桩基方案。当建筑物或构筑物荷载较大，地基上部软弱而下部不太深处有坚实地层时，最宜采用桩基。在实际工程中可根据具体情况，依据"经济合理、技术可靠"的原则，由设计人员经分析比较后确定是否采用桩基。按桩身材料不同，可将桩划分为木桩、混凝土桩、钢筋混凝土桩、钢桩、其他组合材料桩等。按施工方法可分为预制桩、灌注桩两大类。按成桩过程中的挤土效应可分为挤土桩、小量挤土桩和非挤土桩。按达到承载力极限状态时桩的荷载传递主要方式，可分为端承型桩和摩擦型桩两大类，如图 3.41 所示。

（2）沉井基础

为了满足结构物的要求，适应地基的特点，在土木工程结构的实践中形成了各种类型的深基础，其中沉井基础（图 3.42），尤其是重型沉井、深水浮运钢筋混凝土沉井和钢沉井，在国内外已有广泛的应用和发展，如我国的南京长江大桥、天津永和斜拉桥、美国的圣路易斯大桥等均采用了沉井基础。

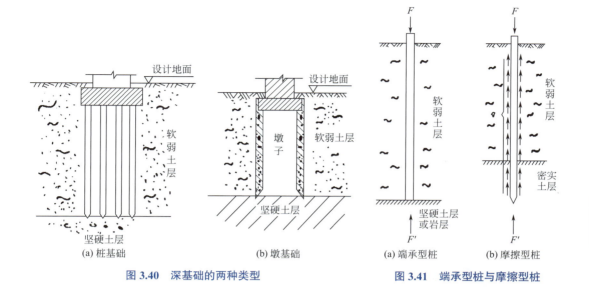

图 3.40　深基础的两种类型

图 3.41　端承型桩与摩擦型桩

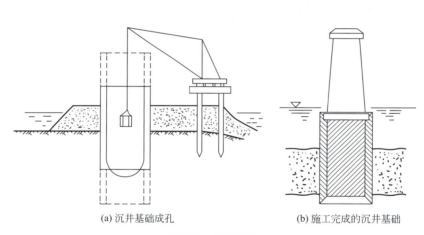

(a) 沉井基础成孔　　　　　　　　(b) 施工完成的沉井基础

图 3.42　沉井基础

3.2.3　地基处理

　　工程场地的岩土工程性质差别很大，经常会遇到软弱地基、不良地基、液化地基等问题。为提高地基的承载力及稳定性、减小地基沉降变形和不均匀变形、防止地震时的地基液化，常常需要对地基进行处理。地基处理的主要目的是：提高软弱地基的强度、保证地基的稳定性；降低软弱地基的压缩性、减少地基基础的沉降；防止地震时地基土的振动液化；消除特殊土的湿陷性、胀缩性和冻胀性。地基处理的对象是软弱地基和特殊土地基。软弱地基是指主要由淤泥、淤泥质土、冲填土、杂填土或其他高压缩性土层构成的地基。特殊土地基带有地区性的特点，它包括软土、湿陷性黄土、膨胀土、红黏土和冻土等地基。地基处理的方法很多，按作用机理分类，主要有换填法（图 3.43）、预压法（图 3.44）、强夯法（图 3.45）、振冲法、土或灰土挤密桩法（图 3.46）、砂石桩法、深层搅拌法、高压喷射注浆法等。

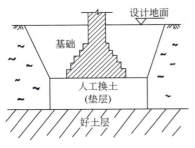

图 3.43 换填法

图 3.44 预压法

图 3.45 强夯法

图 3.46 灰土挤密桩法

3.3 土木工程功能及土木工程结构设计方法

3.3.1 土木工程结构的功能

现代土木工程的特征之一，是工程设施同它的使用功能或生产工艺更紧密的结合。日益提高的生活水平和复杂的现代生产过程，对土木工程提出了各种专门的要求。现代的公用建筑和住宅建筑不再仅仅是传统意义上徒具四壁的房屋，而要求同采暖、通风、给水、排水、供电、通信、供燃气等种种现代技术和设备结成一体。

土木工程功能主要体现在以下几个方面：

① 必须在物质上和精神上同时满足人类活动所需要的、功能良好和舒适美观的空间或通道；

② 必须能够抵御诸如地球引力、风力、气温、地震、振动及爆炸等自然或人为的作用力；

③ 土木工程都是以砖、石、水泥、钢材、木材、合金、塑料等作为基本材料，在地球表面的土层或岩层上建造而成的，因此必须充分发挥各种材料的作用；

④ 通过有效的技术途径和组织手段，利用各个时期社会能够提供的物资设备条件，"多、快、好、省"地组织人力、财力和物力，把社会所需要的工程设施建造成功，付诸使用。

为了满足土木工程的功能，要求结构设计满足以下要求：

① 安全性，能承受正常施工和使用时可能出现的各种作用力（例如拉力、压力、弯矩、剪力、扭矩等），能够在偶遇地震、台风等自然灾害作用时不倒塌；

② 适用性，在正常使用时具有良好的工作性能（如不发生过大的位移，不使人感到晃动）；

③ 耐久性，在正常维护下具有足够的耐久性能（如抵抗酸类、盐类等物质的侵蚀能力）；

④ 抗击偶然事件的能力，在偶然事件发生时能保持必需的稳定性（如很好的抗震能力）。

3.3.2　土木工程结构设计方法

土木工程的结构设计步骤一般可分为结构类型选取、结构模型建立、结构荷载计算、结构内力计算和构件选择以及施工图绘制。

（1）土木工程结构类型选取

土木工程在结构设计前，必须先选用结构的类型。因此需要结构设计人员了解各种结构体系的形式、适用范围、结构传力体系等。

以下以框架结构为例，讲解建筑结构的设计方法，先了解一般框架结构体系的形式。

（2）结构模型的建立

一般的土木工程若完全按其实际结构来计算，其工作量将是惊人的，为简化计算，常需将结构进行简化，以形成利于计算的模型。这个过程即为结构模型的建立过程。

（3）结构荷载计算

结构模型建立完成后，即可计算该模型上的受力。计算受力必须清楚该结构所受荷载的种类和传力路线。

① 荷载种类。土木工程上的结构荷载主要有恒荷载、活荷载、移动荷载、积灰荷载、雪荷载、风荷载、地震荷载等。恒荷载主要指结构的自重，其大小不随时间变化。活荷载包括楼面活荷载、屋面活荷载，主要考虑人员荷载、家具及其他可移动物品的荷载，其大小一般视建筑物用途，根据规范值而定。积灰荷载主要指屋面常年积灰的荷载，其大小亦根据建筑用途查规范确定。雪荷载和风荷载依据当地所属地区依据规范的雪荷载和风荷载的地区分布图而定。移动荷载主要有汽车、火车、桥式吊车等。地震荷载依据当地所属的抗震设防等级而定。

② 传力路线。在框架结构中，荷载是由板传递给次梁，再由次梁传递给主梁，由主梁传递给柱，柱将荷载传递给基础，基础再传递给下面的地基。

③ 荷载计算。根据规范和结构的布置，计算出各种荷载，并将其换算为作用于平面框架上的线荷载，将荷载作用于框架的计算模型上。

（4）结构内力计算和构件选择

绘制出计算模型和其所受力后，即可针对该模型进行内力计算。

① 先依据经验估计梁柱的截面尺寸，然后即可进行该模型的受力计算。模型受力的计算方法将在结构力学课程中学到。

② 计算出构件的内力后，再依据内力，进行梁柱配筋的计算和梁柱的强度、稳定、变形的计算，这些计算方法将在混凝土结构、钢结构等课程中学到。

这个阶段有一个反复的过程，即当选定的梁柱截面尺寸无法满足要求时，需更新选择截面，重新计算，直至满足要求。

（5）施工图的绘制

构件的截面尺寸和配筋确定后，下一步是如何将其反映到施工图上。如何绘制施工图将在画法几何和建筑制图课程中学习。

　　施工图的绘制必须规范，因施工人员是按图样施工的，只有规范绘制的图样，施工人员才能识别，也才能按照图样施工。

3.4　土木工程结构的承载力、稳定性和变形

3.4.1　土木工程结构的承载力

　　结构承载能力是关于力 - 材料或力 - 结构关系的一个概念。当力作用于结构或者构件的外部时，按照一定的传递或变换逻辑，会使材料或结构内部出现应力或应变。对于微观材料而言，其物理特性决定了其所能承受的力（即应力）是有一定限度的，这个度称为材料的强度，超出这个强度，材料会发生破坏。

　　材料强度实质上是已有材料的极限应力；构件截面承载力实质上是已有截面的抵抗力；结构承载力实质上是已有结构所能承受的作用力。但是，结构构件的承载力设计问题却与此不同，它是在结构目前还不存在的情况下，根据预估的荷载、预选的材料、预定的结构形式，确定结构中各种构件按抵抗力功能要求所需要的截面的问题。

　　进行结构设计的出发点是使建筑物适用美观、安全可靠、经济合理，其中安全和经济是一对基本矛盾。为此要分析结构承载力设计中的两个对立面：作用效应 S 和抵抗力 R。以承受楼面荷载的楼板为例，由预估荷载标准值算得的楼板截面最大弯矩就是 S，由预选材料强度标准值和选定的楼板截面尺寸算得的截面受弯承载力就是 R。若 $S > R$，说明结构不安全可靠；若 $S < R$，说明结构安全可靠；若 $S \leqslant R$，说明结构虽安全可靠但却是浪费的。一般来说，选择尽可能少的材料建造安全可靠的结构，是结构设计的目的之一。

　　作用效应是永久和可变作用力（荷载或作用）产生的截面内力，这些作用力都是随机变量；构成抵抗力的因素是材料性能和结构构件的几何尺寸，它们也都是随机变量。所以，结构的承载力设计问题是一个怎样处理荷载、材料性能等非确定值的构件截面设计问题。如果仅仅做到 $S=R$，结构并不能保证安全可靠，因为一旦实际荷载比预估的大了，同时材料的实际强度比预选的小了，截面的实际尺寸也比预定的小了，就有可能出现 $S > R$ 的情况。承载力设计的要求是：按照荷载和材料强度的统计分析，并考虑长期的实践经验，将荷载标准值乘以大于 1 的荷载分项系数 γ（称为荷载设计值），同时将材料强度标准值除以大于 1 的材料分项系数 γ（称为材料强度设计值），进行构件截面的承载力设计。即：

$$\gamma_0 S \leqslant R_d \tag{3.1}$$

式中　γ_0——结构重要性系数；

　　　　S——荷载产生的作用效应；

　　　　R_d——结构抗力。

3.4.2　土木工程结构的稳定性

　　对于结构而言，由于应力的效应，会使内部结构单元发生相应的应变，这些应变按结构而系统化为结构各坐标处的变形，同样，结构变形也有个限度，这个度称为刚度，超出这个刚度，结构会背离预期要求；再有，当结构的变形超过一定范围时，会使结构总体几何构

造及承载体系发生不可逆转的变化，这是一种复合型变化，既有变形方面的，也有应力方面的，这个限度统一用稳定性来表述。

结构构件在荷载作用下将在某一位置保持平衡。从稳定的角度考察平衡问题，存在以下三种平衡状态。

（1）稳定平衡状态

如图 3.47（a）所示，体系处于某种平衡状态，由于受微小干扰而偏离其平衡位置，在干扰消除后，仍能恢复至初始平衡位置，保持原有形式的平衡，则原始的平衡状态称为稳定平衡状态，结构设计原则要追求一种稳定平衡状态。

（2）不稳定平衡状态

如图 3.47（b）所示，撤除使体系偏离平衡位置的干扰后，体系不能恢复到原来的平衡状态，则原始的平衡状态称为不稳定平衡状态。

（3）随遇平衡状态

如图 3.47（c）所示，体系在任何位置均可保持平衡，故称为随遇平衡状态。它可视为体系由稳定平衡状态到不稳定平衡状态过渡的中间状态。

(a) 稳定平衡状态　　　　(b) 不稳定平衡状态　　　　(c) 随遇平衡状态

图 3.47　平衡的概念

3.4.3　土木工程结构的变形

在外力的作用下，固体可改变形状，这是固体基本性质之一，如图 3.48 所示为简支梁在外荷载作用下发生了弯曲变形。固体有抵抗改变其质点间相互位置的能力。当外力作用停止时，固体能消除由外力所引起的变形，这种特性称之为弹性。当外力作用停止时，固体一般具有较大的永久变形的这一特性称之为塑性。弹性和塑性的性质划分是有条件的，譬如：在同

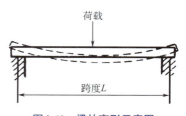

图 3.48　梁的变形示意图

样的受力情况下，金属在正常温度下可以是弹性的，但在高温（例如在赤热时是极明显的）下就是塑性的。

在外力作用除去后，能完全消失的变形称为弹性变形。消失不掉的变形则称为永久变形、残余变形或塑性变形。变形对结构的影响和危害很大，所以在制造、吊装运输和运营使用过程中，都必须尽量避免和控制变形的发生，对已经发生的变形要采取适当方法予以有效的矫正。

结构的安全可靠性，指建筑结构达到极限状态的概率是足够小的，或者说结构的安全保证率是足够大的。其中的极限状态，指整个建筑或结构的一部分超过某一特定状态就不能满足设计规定的某一功能要求，此特定状态称为该功能的极限状态。极限状态可分为两类：一类是承载力极限状态；另一类是正常使用极限状态。承载力极限状态是指构件或结构达到极限承载能力某项限值规定；正常使用极限状态对应于结构或结构构件达到正常使用或耐久性能的某项规定限值。

当结构或结构构件出现下列状态之一时，应认为超过了正常使用极限状态：①影响正常使用或外观的变形；②影响正常使用或耐久性极限状态则对应耐久性能的局部损坏（包括裂缝）；③影响正常使用的振动；④影响正常使用的其他特定状态。

3.5　土木工程环境

　　环境是人类生存和发展的基础，是极其复杂的辩证综合体。环境可分为社会环境和自然环境。社会环境是人类在物质资料生产过程中，为共同进行生产而组织起来的生产关系的总和，自然环境是人类赖以生存和发展的物质条件，是人类周围各种自然因素的总和，即客观物质世界。自有人类以来就存在环境问题，随着人类生产的发展和生活水平的提高而逐渐加重。在封建社会以前，由于生产力低下，尽管人类的生产和生活活动也产生了水、气和垃圾的污染，但自然环境受污染后有一定自净能力，污染物的量不超过某一数量，环境仍能维持正常，自然生态也能维持平衡。进入18世纪的工业文明时期，生产力得到高速、空前的快速发展，自然资源被大量无节制地开发利用，人类为了改善生活条件，无计划、无约束地向大自然索取，在此过程中产生了大量的废水、废气、废渣，造成了前所未有的危害，直到威胁人类生存和发展的环境问题在全球范围内出现，才迫使人类控制环境污染，保护环境。

　　现代土木工程与环境关系紧密，除了在功能上考虑它造福人类的同时，还要注意它和环境的和谐问题。随着大规模现代土木工程的建设，土木工程对环境的影响越来越大，土木工程与环境工程应融为一体。城市发展、海平面上升、水污染、沙漠化等问题与人类的生存密切相关，又无一不与土木工程有关。

　　环境工程是研究和从事防治环境污染和提高环境质量的科学技术。它包括水体污染控制、生活用水供给、大气污染控制、固体废物处置、噪声污染控制、放射污染控制等。环境工程原来是土木建筑中的市政卫生工程的分支，后逐渐发展成为独立的学科。环境工程从广义来说，就是综合运用环境科学的基础理论和有关的工程技术，控制和改善环境质量。

（1）水污染控制工程

　　近年来由于环境污染的日益严重，许多地面水体和地下水都不同程度受到污染，因此，给水处理和废水处理之间，在许多情况下已无太大差别，处理机理和设备及构筑物有许多相似之处，所以可把它们统称为水污染控制工程，只是在工艺流程中的各单元操作选择上有所不同。水污染控制工程主要是加强污染源的管理、建设完善的排水管系和废水处理厂，所使用的处理手段主要是池、槽、罐、塔等，所使用的材料主要为钢材、混凝土等。但无论是饮用水、工业用水，还是生活污水、工业废水，处理方法有多种，概括起来分为物理处理法、化学处理法和物理化学处理法、生物处理法。如以江、河、湖泊、水库为水源的居民饮用水常用处理流程如图3.49所示。

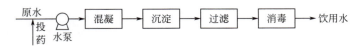

图3.49　地面水源的饮用水处理流程

生活污水主要为城市居民生活中的排水，常用的处理流程如图3.50所示。

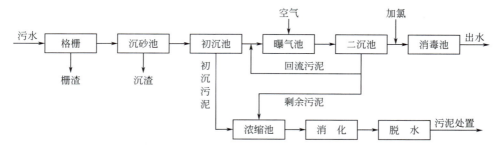

图 3.50　城市生活污水一般处理流程

（2）空气污染控制工程

环境污染较早引起人们重视的是空气污染，1930 年的比利时马斯河谷烟雾事件、1952年的伦敦烟雾事件等都是由燃煤放出的烟尘和 SO_2 引起的。空气污染主要是颗粒物，其次为SO_2 和 NO_x 等。因此，空气污染处理工程主要分为除尘（颗粒物）和气态污染物的净化。

（3）固体废物处理

固体废物有城市垃圾、工业废渣（如高炉矿渣、粉煤灰）、农业固体废物（如秸秆、畜粪）等，固体废物处理主要有下述四种方法，并需采取相应的工程措施。

① 对含有多种可生物降解物质的固体废物，尤其是城市垃圾，经过适当的预处理，如分选等，可采取好氧或厌氧堆肥处理（图 3.51）；也可采用露天堆肥和工厂化机械堆肥，如图 3.52 所示。

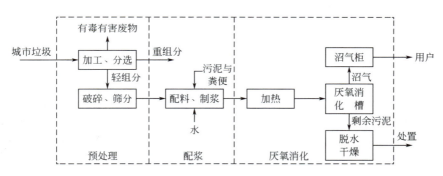

图 3.51　城市垃圾厌氧消化制沼气工艺流程

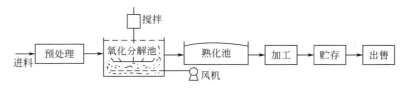

图 3.52　工厂化机械堆肥工艺流程

② 利用固体中大量的可燃成分进行焚烧处理，不仅可取得大量热能，同时灰渣稳定，还可为最终处置创造条件。焚烧炉有多种形式，根据条件进行选建。

③ 在缺氧条件下，将可燃固体废物在高温下燃烧、分解、缩合转化为气态、液态和固态物的过程称为固体废物热解。这种方法既可产生可利用的气体、液体，也可产生稳定易处理的固体。

④ 固体废物的陆地填埋处置有土地填埋、深井灌注等。土地填埋可分为卫生填埋和安

全填埋，而安全填埋是固体废物最终处置中最经济的方法，已成为大多数国家处理固体废物的一种主要方法。安全填埋场结构如图 3.53 所示，这种填埋技术要注意防渗处理，注意设置垃圾渗滤液及产气的收集系统等。深井灌注是采用强制性措施将固体废物液化成真溶液或乳浊液注入与地下水层和矿脉层隔绝的可渗透性岩层中加以安全处置的方法，该法主要应用于某些难以破坏和转化，不能采用其他方法处置或采用其他方法处置极其昂贵的废物的处置。其深井灌注处置井结构剖面图如图 3.54 所示。

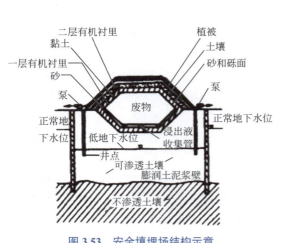

图 3.53　安全填埋场结构示意

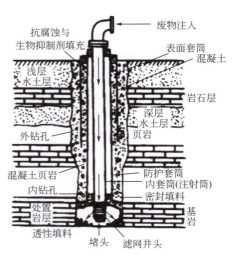

图 3.54　深井灌注处置井结构剖面

（4）噪声处理

噪声主要来自机器（工业噪声）和交通工具（交通运输噪声）。噪声污染不像大气污染和水污染影响面广，而是带有局部的特点，在环境中不会有残留污染物存在，并且噪声污染一般不直接致病或致命，其危害是慢性和间接的。控制噪声的方法首先是改革工艺、革新机械的构造和材料、采用隔声罩、隔振机座，工程上常用的隔振材料有钢弹簧、橡胶、软木、毡类、空气弹簧和液体弹簧等，也可如图 3.55 所示在水泵电机设进风消声百叶来对设备进行噪声处理。在土建工程中可建立隔声屏障（如墙、土丘等）、隔声间或在建筑表面多用吸声隔声材料的隔声墙来处理。

图 3.55　设备噪声处理

3.6　建筑工程

建筑工程作为土木工程的主要组成，是人类生产和生活的空间，从人类诞生就是人类生活的重要组成部分，从最初简单的遮风避雨发展到现在的满足各种功能，舒适、美观、节能环保和防灾减灾，它的发展是伴随着人类进步而不断发展的。

目前，欧美、日本等发达国家基本已经完成了基础建设，建筑工程新项目的建设任务较少，大部分进行的是建筑结构的加固维修改造和部分建筑功能提升改造，很少新建建筑工程。我国作为快速发展的发展中国家，城市化率已由改革开放初期的 18%，发展到 2024 年的 67%，大约有 7.7 亿人口进入了城市，建筑业飞速发展，为 9.4 亿城市人口提供了大量居住建筑，使城市人均居住面积由 6.7m² 发展到了 36.9m²，修建了约 346 亿平方米城市建筑和超过 300 亿平方米的农村建筑，并为城市化建设了大量的工业、商业、学校、医院和其他公共建筑，建筑业早已成为我国发展的支柱产业。未来 15 年我国城市化率将达到 75%，还有约 1.2 亿人进入城市，这为建筑业的进一步发展提供大量的空间，建筑业方兴未艾，前景光明。

3.6.1　建筑工程分类

　　房屋统称建筑物，有多种分类方法。可以按建筑物的使用性质分，可以按建筑结构采用的材料分，也可以按建筑主体结构的结构形式和受力系统（也称结构体系）分。建筑师习惯于用第一种分法，结构和施工工程师习惯于用第二、第三种分法，尤其是习惯于用第三种分法。

（1）按建筑物的使用性质分

　　① 居住建筑（residential building）。如别墅（图 3.56）、宿舍、公寓（图 3.57）等。它们内部房间的尺度虽小，但使用布局却十分重要，对朝向、采光、隔热、隔声等建筑技术问题有较高要求。

　　② 公共建筑（public building）。如展览馆（图 3.58）、剧院、体育场馆（图 3.59）、候机楼等。它们是大量人群聚集的场所，室内空间很大，人流走向问题突出，对使用功能及其设施的要求很高。公共建筑经常采用网架、拱、壳结构等作为主体结构，层数以单层或低层居多。

图 3.56　别墅

图 3.57　多层住宅公寓

图 3.58　广州会展中心

图 3.59　上海徐汇体育场

③ 商业建筑（commercial building）。如商店、银行（图 3.60）、商业写字楼、宾馆（图 3.61）、娱乐场、停车场的综合楼等。由于它们也是人群聚集的场所，有着与公共建筑类似的要求，往往做成多层或高层建筑，对结构体系和结构形式有较高的要求。

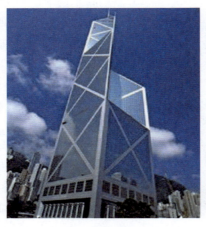

图 3.60   香港中国银行   图 3.61   某宾馆

④ 文教卫生建筑（cultural educational and health building）。如图书馆（图 3.62）、教学楼（图 3.63）、实验楼、医院等。它们有较强的针对性，如图书馆有书库，实验楼要安置特殊实验设备，医院有手术室和各种医疗设施。其主体结构经常采用框架结构、框架 - 剪力墙结构。

⑤ 工业建筑（industrial building）。如重型机械厂房、冶炼厂（图 3.64）、纺织厂房、制药厂房（图 3.65）、食品厂房等。它们往往承受巨大荷载、沉重的撞击和振动，需要大空间，有温湿度、防爆、防尘、防菌等特殊要求，同时还要考虑生产产品的起吊运输设备和生产路线。它们有的是单层的，有的是多层的。单层工业厂房经常采用铰接框架（也称排架）结构，多层工业厂房往往采用刚接框架结构。

图 3.62   某大学图书馆   图 3.63   某大学教学楼

图 3.64   某冶炼厂   图 3.65   某制药厂厂房

⑥ 农业建筑（agriculture building）。如温室大棚（图 3.66）、畜牧场等，往往采用轻型钢结构。

图 3.66　温室大棚

（2）按房屋结构采用的材料分类

① 生土结构（raw soil structure）。生土结构也称"生土建筑"，它是以地壳表层的天然物质（岩土）作为建筑材料，经过采掘、成型、砌筑或夯筑而建造的建筑物。我国各地的土坯房和窑洞民房就是这种建筑。

② 木结构（timber structure）。木结构是指采用方木、圆木、条木、板材连接做成的建筑物。我国古代采用木结构的房屋很多，如宫殿、庙宇、塔楼、民居等。

③ 砌体结构（masonry structure）。砌体结构是指采用砖、石、混凝土砌块等砌体做成的建筑物。多数砌体结构房屋仅利用砌体做承重墙，楼面、屋面则采用钢筋混凝土梁板或木楼板、木屋架，它们也可称为"砖混结构"和"砖木结构"。

④ 钢筋混凝土结构（reinforced concrete structure）。钢筋混凝土结构是指采用钢筋混凝土或预应力混凝土做成的建筑物。它们主要的结构类型有框架结构、剪力墙结构、筒体结构、拱结构、空间薄壳和空间折板等。

⑤ 钢 - 混凝土组合结构（steel-concrete composite structure）。钢 - 混凝土组合结构是指部分为钢构件、部分为钢筋混凝土构件组成承重结构体系的建筑物，或者是其承重结构的主要构件（梁、柱、板等）内混凝土和型钢或钢管同时存在的建筑物。

⑥ 钢结构（steel structure）。钢结构是指采用钢材（钢板、各种型钢、钢管、圆钢等）连接组合形成其主要结构体系的建筑物。

⑦ 张拉整体结构（tensegrity structure）和膜结构（membrane structure）。张拉整体结构和膜结构常用于公共建筑的屋盖结构。

（3）按结构体系分

① 承重墙结构（bearing wall structure）。在高层建筑中也称剪力墙结构（shear wall structure）。该种结构利用房屋的墙体作为竖向承重和抵抗水平荷载（如风荷载或水平地震作用）的结构。墙体同时也作为围护结构及房间分隔构件，见图 3.67（a）。

② 板 - 柱体系（slab-column system）。由板和柱形成的受力体系，不设梁，但往往在柱顶与板接触处设扩大柱头（柱帽）。板柱结构可以使楼层有效空间加大，平滑的板底可改善采光、通风等条件。当楼层较多时，宜设置墙体构成板柱 - 抗震墙结构。

③ 框架结构（frame structure）。采用梁、柱组成的框架作为房屋的竖向承重结构，并同时承受水平荷载，见图 3.67（b）。其中如梁和柱整体连接，可以承受弯矩的称为刚接框架结构；如梁和柱非整体连接，其间可以自由转动、不能承受弯矩的称铰接框架结构，也称排架结构。

④ 错列桁架结构（staggered truss structure）。利用整层高的桁架横向跨越房屋两外柱之间的空间，并利用桁架交替在各楼层平面上错列的方法增加整个房屋的刚度，这种结构体系称错列桁架结构，见图 3.67（c）。这种布置方式使居住单元的布置更加灵活。

⑤ 筒体结构（tube structure）。利用房间四周墙体形成封闭筒体（也可利用房屋外围间距很密的柱与截面很高的梁组成形式上像框架，实质上是有许多窗洞的筒体）作为主要抵抗水平荷载的结构，也可以利用框架和筒体组合成框架 - 筒体结构，见图 3.67（d）。

⑥ 拱结构（arch structure）。以在一个平面内受力的、由曲线（或折线）形构件组成的拱所形成的结构，来承受整个房屋的竖向荷载和水平荷载，见图 3.67（e）。

⑦ 壳体结构（shell structure）。壳体结构是指由曲面形板与边缘构件（梁、拱或桁架）组成的空间结构。它能以较薄的板面形成承载能力高、刚度大的承重结构，能覆盖大跨度的空间而无需中间支柱，见图 3.67（g）。

⑧ 折板结构（folded plate structure）。由多块平板组合而成的空间结构，是一种既能承重又可围护、用料较省、刚度较大的薄壁结构，见图 3.67（i）。

⑨ 网架结构（spatial grid structure）。由多根杆件按照一定的网格形式，通过节点连接而成的空间结构，具有空间受力、质量轻、刚度大、可跨越较大跨度、抗震性能好等优点，见图 3.67（f）。

⑩ 悬挂式结构（suspension structure）。也称钢索结构（steel rope structure），是指楼面荷载通过吊索或吊杆传递到支承柱上去，再由柱传递到基础的结构，见图 3.67（h）。

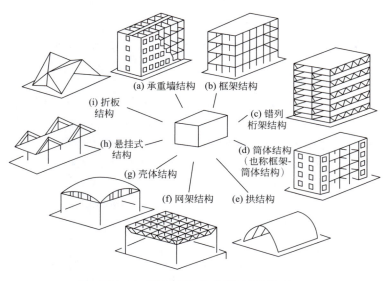

图3.67　建筑工程中各种房屋结构类型

⑪ 巨型桁架和巨型框架结构（giant truss system and mega frame structure）。巨型桁架结构通常由沿外框筒面设大型斜向支撑构成，它可以增加整个结构体系的刚度。巨型框架则可理解为将一般框架的比例放大。它的"柱"一般布置在建筑物的四角，它的"梁"通常隔若干楼层设置一根。巨型"梁""柱"之间的若干层为一般框架，可视为巨型结构的子结构，这样巨型结构更加充分地发挥了立体构件的空间工作性能。

一个优质的土木工程结构应具有以下特色：①在应用上，要充分满足空间和通道的多项使用要求；②在安全上，要完全符合承载、变形、稳定的持久需要；③在造型上，要能够与环境、规划和建筑艺术融为一体；④在技术上，要力争体现科学、技术和工程的新发展；⑤在建造上，要合理用材、节约能源、与施工实际紧密结合。

3.6.2　结构设计理论的演变

为了保证建筑物结构系统的安全，要避免发生如下状态：整个结构或结构的一部分作为刚体失去平衡；结构构件或连接因为超过材料强度而破坏；结构变为机动体系；结构或构件丧失稳定；地基丧失承载能力。机动体系是指结构发生不确定的变形，机动体系在建筑物自身重力荷载的作用下容易倒塌。结构体系发生破坏一般是因为其不够坚固，但将其设计得无比坚固却受到很多限制，首先是经济性的限制，其次是使用性的限制。

　　结构设计的主要步骤：方案设计（可细分为初步设计和扩大的初步设计）；技术设计（既要保证结构安全，又要满足设备工程师的要求）；施工设计（要考虑施工的可行性）。结构安全可用以下公式来表达：

$$荷载作用的效应 \leqslant 结构的抵抗能力$$

　　从静力学的应用到动力学的应用，是结构分析中一个非常重要的进步，上式的右端项——结构的抵抗能力需要掌握线性关系、塑性力学，在结构设计中利用塑性力学是结构分析理论的又一个重大进步。稳定性的计算：荷载在结构构件中引起的压力，不仅不能超过材料的强度极限，也不能超过构件的稳定承载力。从防止强度破坏拓展到防止失稳破坏是结构设计概念和设计理论的一个质的飞跃，确定性的结构设计理论慢慢让位给基于概率论的设计理论，这是 20 世纪结构设计学的又一重大进步。

3.6.3　世界上著名的超高建筑物

　　改革开放后，我国城市建设飞速发展，高层建筑大量涌现，目前，我国高层建筑数量约占世界的 50%，超过 100m 的约占世界的 60%。目前，世界上最高的建筑是哈利法塔，总高度为 828m，共 162 层。我国最高的建筑是上海中心大厦，高度为 632m，主楼地上 127 层，地下 5 层。世界高度排前二十位的建筑见表 3.1。

表 3.1　世界高度排前二十位的建筑

排位	建筑名称	高度/m	层数（地上部分）	建设地点	排位	建筑名称	高度/m	层数（地上部分）	建设地点
1	哈利法塔	828	162	阿联酋迪拜	11	台北 101 大楼	508	101	中国台北
2	默迪卡 118	678.9	118	马来西亚吉隆坡	12	上海环球金融中心	492	101	中国上海
3	上海中心大厦	632	127	中国上海	13	香港环球贸易广场	484	118	中国香港
4	麦加皇家钟塔饭店	601	120	沙特阿拉伯麦加	14	武汉绿地中心	475	100	中国武汉
5	平安国际金融中心	599.1	118	中国深圳	15	中央公园大厦	472	131	美国纽约
6	乐天世界大厦	555	123	韩国首尔	16	拉赫塔中心	462	87	俄罗斯圣彼得堡
7	世界贸易中心一号楼	541.3	82	美国纽约	17	地标塔 81	461.5	81	越南胡志明
8	广州周大福金融中心	530	112	中国广州	18	陆海国际中心	458	100	中国重庆
9	天津周大福金融中心	530	97	中国天津	19	106 交易塔	453	106	马来西亚吉隆坡
10	北京中信大厦	528	108	中国北京	20	吉隆坡石油双塔	452	88	马来西亚吉隆坡

（1）哈利法塔

哈利法塔的外形设计灵感源自六瓣沙漠之花，造型极为优美。建筑内部，37 层以下设有酒店、餐厅等设施，45 至 108 层为公寓区域。该工程于 2004 年 9 月动工，2010 年 1 月正式竣工启用，堪称世界建筑史上的杰出景观（图 3.68）。

哈利法塔的设计灵感源自沙漠之花蜘蛛兰，整座塔楼的混凝土结构在平面上被塑造成了 Y 形，大厦的三个支翼是由花瓣演化而成，每个支翼自身均拥有混凝土核心筒和环绕核心筒的支撑。大厦中央六边形的中央核心筒由花茎演化而来，这一设计使得三个支翼互相联结支撑——这四组结构体自立而又互相支持，拥有严谨缜密的几何形态，增强了哈利法塔的抗扭性，大大减小了风力的影响，同时又保持了结构的简洁。楼层呈螺旋状排列，能够抵御肆虐的沙漠风暴。这种设计最大限度地提高了结构的整体性，并能让人们尽情欣赏阿拉伯海湾的迷人景观。大楼中央设有一个采用钢筋混凝土结构的六边形"扶壁核心"（图 3.69）。

图 3.68　哈利法塔

图 3.69　哈利法塔平面图

（2）默迪卡 118

默迪卡 118（图 3.70）是位于马来西亚首都吉隆坡的摩天大楼，其钻石形玻璃刻面设计象征着马来西亚的多元文化，整体呈现水晶塔造型。该建筑高 678.90m（含 160m 尖塔），共 118 层地上空间和 5 层地下结构。其切割立面的玻璃幕墙设计，使建筑从各个角度都展现出恢宏气势。塔楼融合了多项特色设施，包括东南亚最高的"The View at 118"观景台等。

（3）上海中心大厦

上海中心大厦（图 3.71），位于上海市陆家嘴金融贸易区银城中路 501 号，是上海市的一座巨型高层地标式摩天大楼，截至 2025 年，上海中心大厦为中国第一高楼、世界第三高楼，始建于 2008 年 11 月，于 2016 年 3 月完成建筑土建工程的施工工作。上海中心大厦主要用途为办公、酒店、商业、观光等公共设施；主楼为地上 127 层，建筑高度 632m，地下室有 5 层；裙楼共 7 层，其中地上 5 层，地下 2 层，总建筑面积约为 57.8 万平方米，其中地上总面积约 41 万平方米，地下总面积约 16.8 万平方米，占地面积 30368m²。

（4）麦加皇家钟塔饭店

麦加皇家钟塔饭店（图 3.72）位于沙特阿拉伯，是一座复合型建筑，由众多大楼组成，其中最高的一栋作为饭店，高度达 601m，截至 2025 年，该建筑是全球第四高的建筑，为全

图 3.70 默迪卡 118（马来西亚）

图 3.71 上海中心大厦

图 3.72 麦加皇家钟塔饭店

球最高的饭店建筑；整个复合建筑物拥有广达 150 万平方米的建筑面积，为全球之最。大钟塔建在麦加皇家钟塔饭店建筑群的顶端，最高处是用黄金制做的一弯新月；在饭店 400m 处安装有四面钟，其中 3 个表盘的直径达 40m，还有一面大钟，高 80m，宽 65m，比英国伦敦国会大厦顶上著名的"大本钟"大 6 倍。当前，麦加皇家钟塔饭店坐拥世界最高的饭店、世界最高的钟塔、世界最大钟面，世界最大的楼板面积。

（5）平安国际金融中心

平安国际金融中心（图 3.73）是核心筒结构，高度 555.6m，建成后总高度为 599.1m，118 层。截至 2025 年，该建筑为"全球第五大高楼""中国第二大高楼""华南地区排名第一的摩天大楼"。平安国际金融中心内部安装了两个调谐质量阻尼器分别重达 500t，被放置在大楼的 114 层，其阻尼球在狂风中的摆动幅度达到 2m。

（6）乐天世界大厦

乐天世界大厦（图 3.74）是韩国第一高楼，位于乐天世界附近，邻近地铁站为蚕室站，有首尔地铁 2 号线与首尔地铁 8 号线经过。该大厦地上 123 层，地下 6 层，总高度达 555m，集购物中心、办公、酒店、观光功能于一体。

（7）世界贸易中心一号大楼

世界贸易中心一号大楼（图 3.75），位于原世界贸易中心双子塔北侧，是一座集办公与观光为一体的超高层建筑，其地上 104 层（不含天线），地下 5 层，高度 541.3m，建筑面积约 32.5 万平方米。世界贸易中心一号大楼以其高度比例、顶部天线、刀削般的外观、高大的门厅和细条纹表面，唤起人们对原世贸中心的记忆。该建筑由两部分构成：下部是混凝土基座，上部为玻璃幕墙塔身。巨大的基座俯瞰"9·11"纪念馆，上方逐渐收拢的玻璃塔楼内设有 69 层办公区，顶部则分布着餐厅、室内外观景平台，以及安装在格栅状雕塑结构中的天线。建筑最顶端是一个约 124m 高的螺旋尖顶。

（8）广州周大福金融中心

广州周大福金融中心（图 3.76）总高度 530m，地上 112 层，地下 5 层。广州周大福金融中心（东塔）整个建筑外观按不同功能定位分为三节，呈节节高升之势，作为主体部分的写字楼高度还不低于西塔，高度、建筑体量、建筑功能上，也能和西塔相协调。站在地面上的人从下往上仰视一、二节之间的连接处，其延长线 2 恰好到达电视塔的顶端。塔顶采取

"之"字形的退台设计，又在不同楼层形成空中花园；玻璃幕墙采用白色陶土板挂件，可以天然采光；结构上首次采用超高强绿色混凝土，减轻东塔自重的同时还增加了使用面积；装备了两台世界上最高速电梯，速度可达每秒 20m。

图 3.73　中国深圳平安国际金融中心效果图

图 3.74　韩国乐天世界大厦

图 3.75　世界贸易中心一号大楼

图 3.76　广州周大福金融中心

图 3.77　天津周大福金融中心

图 3.78　北京中信大厦

（9）天津周大福金融中心

天津周大福金融中心（图 3.77），别称"津沽棒"，昵称"北方之钻"，其内部涵盖写字楼、购物中心、服务式公寓、艺术精品酒店等众多业态，是一座新崛起的地标级城市综合体。天津周大福金融中心占地面积 27772.35m²，建筑面积 389980m²，塔楼总高度 530m，其中地上 97 层，裙楼 5 层，地下 4 层，为天津市地标性建筑。

（10）北京中信大厦

北京中信大厦（图 3.78），占地面积 11478m²，总高 528m，地上 108 层、地下 7 层，可容纳 1.2 万人办公，总建筑面积 43.7 万平方米，集甲级写字楼、会议、商业、观光以及多种配套服务功能于一体，建筑外形仿照古代礼器"尊"进行设计，内部有全球首创超 500m 的 JumpLift 跃层电梯。北京中信大厦是 8 度抗震设防烈度区在建的最高建筑。为满足结构抗震与抗风的技术要求，北京中信大厦在结构上采用了含有巨型柱、巨型斜撑及转换桁架的外框筒以及含有组合钢板剪力墙的核心筒，形成了巨型钢 - 混凝土筒中筒结构体系。

 讨论

查阅相关资料，这些高层建筑都采用什么结构形式？应用了哪些新技术？

3.6.4　世界上著名的大跨度建筑物

大跨度建筑通常是指跨度在 30m 以上的建筑，我国现行《钢结构设计标准》规定跨度 60m 以上的结构为大跨度结构。主要用于民用建筑的影剧院、体育场馆、展览馆、大会堂、航空港以及其他大型公共建筑。在工业建筑中则主要用于飞机装配车间、飞机库和其他大跨度厂房。大跨度建筑结构包括网架结构、网壳结构、悬索结构、桁架结构、膜结构、薄壳结构等基本空间结构及各类组合空间结构。

（1）英国千年穹顶

千年穹顶（图 3.79、图 3.80）从 1997 年 6 月开始建设，于 1999 年建成。跨度为 365m，是展览科普中心，位于泰晤士河边格林威治半岛上，占地 300 英亩（1.21km²），耗资 7.5 亿英镑，是英国为庆祝 20—21 世纪之交的千禧年而营造的纪念性建筑之一。整个建筑为穹庐形，12 根 100m 高的钢桅杆直刺云天，张拉着直径 365m，周长大于 1000m 的穹面钢索网。室内最高处为 50 多米，容积约为 240 万立方米。它的屋面材料表面积 10 万平方米，使用仅 1mm 厚的膜状材料，却坚韧无比，据说可承受波音 747 飞机的重量，同时它有卓越的透光性，可充分利用自然光。设计之初，业主并没有明确规定建筑的外形。建筑师经过悉心的比较论证，决定将繁多的功能归入同一屋顶下，提出了穹顶的方案。他们主张桅杆要尽可能高，穹顶要尽可能大，使人在飞机上能一眼看到它。从空中鸟瞰，它如同泰晤士河畔的一颗珍珠。

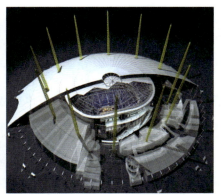

图 3.79　英国千年穹顶帐篷结构　　　　图 3.80　英国千年穹顶内部结构

（2）新加坡国家体育馆

新加坡国家运动体育馆（图 3.81、图 3.82）是大跨度穹顶建筑，跨度达 310m，在 2014 年 6 月建成启用，同年在世界建筑节中被提名当年的世界建筑节运动建筑类项目。

图 3.81　新加坡国家体育馆开启式结构　　　　　　　图 3.82　新加坡国家体育馆夜景

新加坡体育中心弯曲的穹顶是其标志性的建筑结构形式。为了应对当地的热带气候，屋顶内部的面板可以滑动，当体育馆不需要使用时可打开屋顶，保持草地的良好状态。可移动的屋顶使用了半透明的 ETFE 塑料，其强度和隔热性能佳。

（3）福冈穹顶

世界第二大跨度开合钢网壳屋盖是日本福冈穹顶（图 3.83、图 3.84），跨度 222m，1993年建成交付使用。它由三块扇形可旋转球面网壳组成，可形成三种状态：全封闭状态、半开启状态（1/3 穹顶露天）和全开启状态（2/3 穹顶露天）。

图 3.83　日本福冈穹顶部分开启　　　　　　　图 3.84　日本福冈穹顶全开启

（4）中国国家大剧院

中国国家大剧院位于北京市中心天安门广场西侧，是中国国家表演艺术的最高殿堂，中外文化交流的最大平台，中国文化创意产业的重要基地。2001 年 12 月国家大剧院正式开工建设，2007 年 9 月建成并交付使用。

国家大剧院（图 3.85）外部为钢结构壳体，呈半椭球形，平面投影东西方向长轴长度为 212.20m，南北方向短轴长度为 143.64m，建筑物高度为 46.285m，比人民大会堂略低 3.32m，基础最深部分达到 −32.5m，有 10 层楼那么高，整个壳体钢结构重达 6475t。大剧院壳体由 18000 多块钛金属板拼接而成，面积超过 $30000m^2$，18000 多块钛金属板中，只有 4 块形状完全一样。钛金属板经过特殊氧化处理，其表面金属光泽极具质感，且 15 年不变颜色。中部为渐开式玻璃幕墙，由 1200 多块超白玻璃巧妙拼接而成。椭球壳体外环绕人工湖，湖面面积达 3.55 万平方米，各种通道和入口都设在水面下。行人需从一条 80m 长的水下通道进入演出大厅。大剧院椭球形壳体下有歌剧院、戏曲院和音乐厅（图 3.86）及其他服务设施。

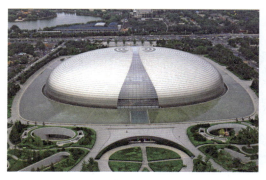

图 3.85　中国国家大剧院全景　　　　　图 3.86　中国国家大剧院音乐厅局部

作为新北京十六景之一的地标性建筑，国家大剧院造型独特的主体结构，一池清澈见底的湖水，以及外围大面积的绿地、树木和花卉，不仅极大改善了周围地区的生态环境，更体现了人与人、人与艺术、人与自然和谐共融、相得益彰的理念。

国家大剧院造型新颖、前卫，构思独特，是传统与现代、浪漫与现实的结合。大剧院庞大的椭圆外形在长安街上显得像个"天外来客"，与周遭环境的反差让它显得十分抢眼。国家大剧院要表达的是内在的活力，是在外部宁静笼罩下的内部生机。

（5）中国国家体育场

国家体育场（"鸟巢"，图 3.87）是第 29 届夏季奥运会的主体育场，位于北京奥林匹克公园中心区，占地 20.4 万平方米，建筑面积 25.8 万平方米，可容纳观众 9.1 万人。国家体育场工程为特级体育建筑，主体结构设计使用年限 100 年，主体建筑是由一系列钢桁架围绕碗状座席区编织而成的椭圆鸟巢外形，南北长 333m、东西宽 296m，最高处高 69m。国家体育场于 2003 年 12 月 24 日开工建设，2008 年 6 月 28 日落成。

国家体育场坐落在由地面缓缓坡起的基座平台上，观众可由奥林匹克公园沿基座平台到达体育场。基座北侧为下沉式的热身场地，通过运动员通道与主场的比赛场地连通。体育场基座以上部分共七层，设有观众服务设施、媒体工作区、贵宾接待区以及商业区等。基座以下部分共三层，设有零层内部环路、停车场和大量功能用房。碗形看台分为上、中、下三层，并在上、中层看台之间设置包厢及座位区（图 3.88）。

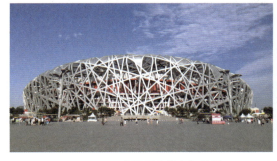

图 3.87　中国国家体育场外景　　　　　图 3.88　中国国家体育场内景

国家体育场在建设中采用了先进的节能设计和环保措施，比如良好的自然通风和自然采光、雨水的全面回收、可再生地热能源的利用、太阳能光伏发电技术的应用等，是名副其实的大型"绿色建筑"。

北京奥运会期间，国家体育场作为主会场，承担了开闭幕式、田径赛事和足球决赛。精彩绝伦的开闭幕式表演与鸟巢大气宏伟的结构相得益彰，令世人惊艳。博尔特、伊辛巴耶娃等一批优秀运动员纷纷在鸟巢实现了创纪录表演。北京奥运会后，鸟巢又成功举办了2015年北京世界田径锦标赛，还是2022年北京冬奥会开闭幕式场地。作为史上首个举办过夏季和冬季奥运会开闭幕式的体育场，鸟巢已成为代表国家形象的标志性建筑，超越了纯粹的体育或建筑概念。

（6）卢塞尔体育场

卢塞尔体育场（图3.89）是2022年卡塔尔世界杯的主体育场，是世界上同类型索网体系中跨度最大、悬挑距离最大的索网屋面单体建筑。卢塞尔体育场建筑面积19.5万平方米，外立面由三角形网格划分，屋面造型呈马鞍形，由索膜结构支撑，东西高、南北低，整个体育场投影为圆形，外观上看，项目幕墙三角形网格立面效果展现了卡塔尔传统灯笼纹饰，建筑整体呈现出阿拉伯金色碗状器皿造型。屋面主索网采用双层轮辐式张力结构，跨度达274m，悬挑距离为76m，形如一个巨大的车轮状的"碗盖"。主要功能空间包括比赛球场、球员房间、记者区、卫生间、观众区、VIP区以及其他功能区域（图3.90）。

2016年中国铁建股份有限公司与卡塔尔当地HBK施工总承包公司组成的施工承包联合体中标该项目。从设计到施工，中国企业提供了全产业链的中国方案、中国产品和中国技术。卢塞尔体育场是全球首个全生命周期深度应用BIM的体育场，创造了六项之最：全球最大跨度双层交叉索网屋面单体建筑；全球规模最大世界杯主场馆；全球系统最复杂的世界杯主场馆；全球设计标准最高的世界杯主场馆；全球技术最先进的世界杯主场馆，以及国际化程度最高的世界杯主场馆。

图3.89　卢塞尔体育场外景

图3.90　卢塞尔体育场内景

 讨论

这些大跨度建筑都采用了什么结构形式？

3.7　桥梁工程

桥梁工程历史悠久，我国建于595—605年的赵州桥，距今已有1400多年的历史。现代桥梁始于19世纪的欧洲，20世纪以来欧美发达国家由于高速公路、高速铁路和城市建设的需要，修建了大量的桥梁工程。进入 21 世纪，发达国家已经进入发展平衡期，桥梁工程进入维修加固和改造提高阶段，而我国目前处于高速发展期，跨径超千米的大桥已不新奇，世界最大（长）跨径悬索桥、斜拉桥、钢拱桥、跨海大桥的前十座，中国均占据半壁江山乃至更多。

3.7.1　世界现代桥梁发展中的主要技术创新

20 世纪是桥梁技术飞速发展的时期。理论方面，1928 年首创了预应力混凝土的概念和设计理论，1938 年提出斜拉桥构思，20 世纪 70 年代预应力技术发展达到成熟，斜拉桥开始推广，20 世纪 80 年代体外预应力索新技术得到发展，诞生了平行钢索桥。施工技术方面，1960 年首创下层移动托架法施工工法，1962 年开始应用顶推法施工技术。

进入 21 世纪，桥梁建设有了更深一步的发展。比如新型预应力技术、深基坑技术以及 BIM（建筑信息模型）技术在桥梁建设中的应用等。

新型预应力技术是现代桥梁施工中非常关键的技术，该技术通过混凝土截面方向实现钢筋加固，使应力获得更加直接。新型预应力技术包含很多方面，对于不同的工程需要研究不同的预应力方案，因此不断创新的新型预应力技术是实现施工技术创新的又一个重要方面。

在桥梁工程施工中，打好基础是施工质量控制的关键。深基坑顾名思义就是深度达到一定数值的基坑，是施工时，基坑周围较为松散的土质不能够支撑施工项目，需要挖掘更深的基坑，才能支撑在复杂环境条件下开挖深基坑成为桥梁施工的重要技术。

BIM 技术可将传统的二维设计图改为三维空间立体图进行呈现，依托信息技术将桥梁设计图纸进行三维立体展现，这样就会使得施工人员对桥梁建设有更加直观的印象和了解，从而针对想要展现的施工效果图进行施工作业，而不是盲目作业，这在很大程度上降低了成本。

3.7.2　中国近代桥梁的引进和现代桥梁的崛起

1840 年前后，我国引入了西方的桥梁技术，民国时期孙中山先生制定了宏伟的交通建设计划，使中国桥梁得到发展。1949 年后，随着国民经济和交通事业的兴起，完成了武汉长江大桥、南京长江大桥、云南长虹石拱桥等大型桥梁建设工程。

20 世纪 80 年代中国进入改革开放新时期，公路、高速公路、铁路、高速铁路和城市市政建设飞速发展，修建了大量的桥梁工程，桥梁工程的设计、施工和建设规模已经达到世界先进水平，我国已进入桥梁工程发达国家之列，21 世纪进入到一个创新和超越的新时期，最具代表性的是南京长江大桥（施工速度快）、重庆朝天门长江大桥（世界跨度最大的钢拱桥）、张靖皋长江大桥（世界跨度最大的悬索桥）。近几年我国还修建了多个超长的跨海大桥，其中东海大桥长 32km，杭州湾大桥长 36km，胶州湾大桥长 42km，港珠澳大桥长 49.968km。目前，我国还有大量的建设工程没有完成，随着高速公路、高速铁路建设和城市化进程的加快都将为桥梁工程的建设带来前所未有的发展机遇，未来二三十年还是我国桥梁建设者大显身手的时期。

3.7.3　世界上著名的悬索桥

（1）张靖皋长江大桥

张靖皋长江大桥，是江苏省内的在建跨江大桥，位于江阴大桥下游约 28km 处，沪苏通长江公铁大桥上游约 16km 处，起点接如皋市沪陕高速，经靖江市民主沙，于张皋汽渡西侧登陆进入张家港，终点接张家港疏港高速，路线全长约 29.8km，分跨江大桥、北接线、南接线三部分。

张靖皋长江大桥连通张家港、靖江、如皋三市，跨江段全长约 7.9km，设南、北两座航道桥及南中北三段引桥，大桥采用双向八车道，设计时速 100km/h，工程采用主跨 2300m 双塔悬索桥跨越长江主航道，为世界最大跨径的桥梁工程。张靖皋长江大桥于 2022 年 2 月 18 日开始施工，大桥将于 2028 年 10 月全面完工。

（2）明石海峡大桥

明石海峡大桥（图 3.91）是连接日本神户和淡路岛之间的跨海公路大桥，它跨越明石海峡，是目前世界上跨度最大的悬索桥，桥墩跨距 1991m，宽 35m，两边跨距各为 960m，桥身呈淡蓝色。明石海峡大桥桥塔高达 298.3m，比日本第一高楼横滨地标大厦（295.8m）还高，甚至可与东京铁塔及法国埃菲尔铁塔相匹敌，全桥总长 3911m。大桥耗资 5000 多亿日元，于 1998 年 4 月建成通车，其间经历了 1995 年 1 月 17 日的阪神大地震的考验。阪神大地震的震中虽然距桥址仅 4km，但大桥安然无恙，只是南岸的岸墩和锚锭装置发生了轻微位移，使大桥的长度增加了约 1m。桥面 6 车道，设计时速 100km/h，可承受里氏 8.5 级强震和百年一遇的 80m/s 强烈台风袭击。明石海峡大桥与大鸣门大桥，将本州与四国在陆路上连为一体。

（3）西堠门大桥

连接舟山本岛与宁波的舟山连岛工程共五座跨海大桥，西堠门大桥（图 3.92）是其中技术要求最高的特大型跨海桥梁。西堠门大桥于 2005 年 5 月 20 日动工兴建，2009 年 12 月 25 日通车运营。主桥为两跨连续钢箱梁悬索桥，主跨 1650m，设计通航等级 3 万吨，使用年限 100 年。西堠门大桥位于受台风影响频繁的海域，水文、地质、气候条件复杂，而我国尚无在台风区宽阔海面建造特大跨径钢箱梁悬索桥的实践先例。2013 年 9 月中旬的"韦帕"和 10 月初的"罗莎"两次台风侵袭舟山时，西堠门大桥桥上实测最大风力达到 13 级，正处于架梁期的大桥胜利地经受了考验。

图 3.91　明石海峡大桥　　　　　　　　图 3.92　西堠门大桥

（4）大贝尔特海峡大桥

大贝尔特海峡大桥（图 3.93）于 1987 年 6 月开始动工，1998 年 6 月 14 日竣工通车。大贝尔特海峡大桥位于丹麦的菲英岛和西兰岛（哥本哈根所在处）之间，全长 17.5km。大桥工程由 3 个部分组成：跨越东航道的一条铁路隧道，一座高速公路高架桥和一座公铁两用桥。公路桥全长 6.8km，是一座主跨 1624m、两边跨各为 535m 的悬索桥。桥面为 4 车道，塔高 254m，桥面离海平面 75m。加劲梁为扁平钢箱，分段运至桥下后吊装焊接就位。该桥锚定结构形式独特，由锚室、散索鞍以及二者间的中空结构组成。钢筋混凝土索塔高 258m，主缆直径 827mm，由 18648 根直径 5.38mm 的钢丝组成，安装架设中采用了空中架线法。

（5）润扬长江公路大桥

润扬长江公路大桥（图 3.94）即镇江 - 扬州长江公路大桥，2000 年 10 月 20 日开工建设，2005 年 4 月 30 日建成通车。它跨江连岛，北起扬州，南接镇江，全长 35.66km，主线采用双向 6 车道高速公路标准，设计时速 100km/h，工程总投资约 53 亿元。润扬长江公路大桥连接京沪、宁沪、宁杭三条高速公路，并使这三条高速公路和 312 国道、同三国道主干线、上海至成都国道主干线互联互通，成为长三角地区又一重要的路网枢纽。该项目主要由南汉悬索桥和北汉斜拉桥组成，南汉桥主桥是钢箱梁悬索桥，索塔高 209.9m，两根主缆直径为 0.868m，跨径布置为 470m+1490m+470m；北汉桥是主双塔双索面钢箱梁斜拉桥，跨径布置为 175.4m+406m+175.4m，倒 Y 形索塔高 146.9m。该桥主跨径 1385m，比江阴长江大桥长 105m。大桥建设时创造了多项国内第一，综合体现了目前我国公路桥梁建设的最高水平。

图 3.93　大贝尔特海峡大桥

图 3.94　润扬长江公路大桥

（6）亨伯尔桥

亨伯尔桥横跨英国亨伯河，位于北岸的赫斯尔和南岸的巴顿之间（图 3.95）。建于 1973—1980 年，1981 年 7 月通车。桥全长 2220m，主跨 1410m，北岸边跨 280m，南岸边跨 530m。引桥为钢筋混凝土高架桥。亨伯尔桥桥塔采用由横梁联系的钢筋混凝土空心双塔柱，高 155.5m，正交异性板桥面，桥面宽 28m，包括车行道 22m，两边悬臂板人行道和自行车道各 3m，耗资 2.5 亿多美元。

图 3.95　亨伯尔桥

图 3.96　江阴长江大桥

（7）江阴长江大桥

江阴长江大桥（图3.96）是国家主干道跨越长江的特大型公路桥梁，是长江上建设的第二座大桥，位于江苏省江阴市西山与靖江市十圩村之间。大桥全长3071m，主跨1385m，宽33.8m，设计行车速度为100km/h，桥下通航净高为50m，可满足5万吨级轮船通航。大桥全线建设总里程为5.176km，总投资36.25亿元。江阴长江公路大桥于1994年11月22日动工，1999年9月通车。该桥桥面为高速公路标准的双向6车道，设中央分隔带和紧急停车带，在主桥跨部分的两侧各设1.5m宽的人行道。主跨桥道梁采用带风嘴的扁钢箱梁结构，箱高3m，总宽37.7m。一对缆索的垂跨比1/10.5，缆索由φ5镀锌高强钢丝组成，采用平行钢丝束法（PWS法）架设。桥塔高约190m，为门式钢筋混凝土结构。南塔位于南岸边岩石地基上。北塔位于北岸外侧的浅水区，采用筑岛施工的桩基础。南北引桥为预应力混凝土梁桥，分别长132m和1365m。

（8）青马大桥

青马大桥（图3.97）是全世界最长的行车、铁路两用吊桥，是配合香港国际机场（赤鱲角机场）而建的十大核心工程之一。于1992年5月开始兴建，1997年5月22日通车运营，历时五年竣工，造价71.44亿港元。青马大桥横跨青衣岛及马湾，桥身总长度2200m，主跨长度1377m，离海面高62m，青马大桥除创造世界最长的行车、铁路两用吊桥纪录外，包括青马大桥在内的"机场核心计划"还于1999年荣获"二十世纪十大建筑成就奖"。

（9）韦拉扎诺海峡大桥

韦拉扎诺海峡大桥（图3.98）位于美国纽约，1964年建成，全长1298m，双层桥面，桥宽31.4m，加劲桁架高8.0m，塔高210m，是跨越韦拉扎诺海峡的双层公路悬索桥。上下层各6车道，桥跨373.33m+1298.45m+370.33m，双面悬索，每面均为双索。钢加劲桁架用刚构式横断面以增加抗扭刚度，桁距为30.632m，高7.315m。

图3.97　青马大桥　　　　　　　　图3.98　韦拉扎诺海峡大桥

（10）金门大桥

金门大桥（图3.99），又称"金门海峡大桥"，是美国境内连接旧金山与加利福尼亚州的跨海通道，位于金门海峡之上，于1933年1月5日动工兴建，1937年5月28日通车运营。金门大桥是世界著名的桥梁之一，是近代桥梁工程的一个奇迹。金门大桥线路全长2780m，主桥全长1967.3m，桥面为双向六车道城市主干线，设计速度为60km/h，项目总耗资约3550万美元，设计工程师为约瑟夫·施特劳斯。大桥的巨型钢塔耸立在大桥南北两侧，高342m，其中高出水面部分为227m，相当于一座70层高的建筑物。塔的顶端用两根直径各为927mm、重2.45万吨的钢缆相连，钢缆中点下垂，几乎接近桥身，钢缆和桥身之间用一根根细钢绳连接起来。大桥桥体凭借桥两侧两根钢缆所产生的巨大拉力悬挂在半空中。钢塔之间的大桥跨度达 1280m，为世界所建大桥中罕见的单孔长跨距的大桥之一。从海面到桥中心部的高度约 60m，又宽又高，所以即使在涨潮时，大型船只也能畅行无阻。

图 3.99　金门大桥

3.7.4　世界上著名的斜拉桥

（1）跨东博斯鲁斯海峡大桥

2012 年 8 月 1 日，跨东博斯鲁斯海峡大桥（图 3.100）正式开通。这座桥位于俄罗斯远东符拉迪沃斯托克市，是世界上跨径最大的斜拉桥之一，跨径为 1104mm。大桥横跨东博斯鲁斯海峡，总长 3.1km，桥高 70m，连接着俄罗斯岛与符拉迪沃斯托克市——后者是俄罗斯亚太经济合作组织峰会的举办地。

（2）苏通长江公路大桥

苏通长江公路大桥（简称苏通大桥，图 3.101），位于江苏省东南部，连接南通和苏州两市，西距江阴长江公路大桥 82km，东距长江入海口 108km。全长 34.2km，于 2008 年 6 月 30 日建成通车。苏通大桥北岸连盐通高速公路、宁通高速公路、通启高速公路，南岸连苏嘉杭高速公路、沿江高速公路。

图 3.100　跨东博斯鲁斯海峡大桥

图 3.101　苏通长江公路大桥

苏通大桥工程规模浩大，其主跨跨径达 1088m，其主塔高度达到 300.4m，主桥两个主墩基础分别采用 131 根直径 2.5～2.85m、长约 120m 的灌注桩，是世界最大规模的群桩基础，主桥最长的斜拉索长达 577m，也是世界最长的斜拉索。

（3）香港昂船洲大桥

香港昂船洲大桥（图 3.102），主跨长 1018m，连引道全长为 1596m，桥面离海面高度

73.5m，而桥塔高度则为 290m，两者都比青马大桥高，桥面为三线双程分隔快速公路。昂船洲大桥于 2003 年 1 月开始动工兴建，耗资 48 亿港元，2009 年 12 月 20 日正式通车。昂船洲大桥为双向三线高架斜拉桥，是香港八号公路干线的主要组成部分。大桥由香港葵涌货运码头入口，横跨蓝巴勒海峡，向西延伸至青衣岛，是世界上最长的斜拉桥之一。是香港首座位处市区环境的长跨距斜拉桥，在香港岛和九龙半岛都可以望到这座雄伟的建筑。

（4）多多罗大桥

多多罗大桥（图 3.103），位于日本濑户内海，连接广岛县的生口岛及爱媛县的大三岛。大桥于 1999 年竣工，最高桥塔 224m，钢塔，主跨长 890m，是当时世界上最长的斜拉桥，连引道全长为 1480m，四线行车，设行人及自行车专用通道，属于日本国道 317 号的一部分。

（5）诺曼底大桥

诺曼底大桥是钢索承重桥，很像金门大桥之类的悬索桥，但支撑桥身的钢索直接从桥塔连到桥身。诺曼底大桥（图 3.104）守卫着法国北部塞纳河上的泥滩，看上去像一个从混凝土桥塔上伸出的钢索所编成的巨大蜘蛛网，于 1995 年建成。诺曼底桥的中央跨度为 856m，包括靠近桥两端的引桥在内桥的总长是 2200m。该桥由 33 个部分组成，中间部分最后嵌进桥中，由下往上提升而成。桥的重量由钢绳支撑，两座混凝土桥塔高 215m，耸立在相当于 20 层楼高的基座上。

（6）北盘江第一桥

北盘江第一桥（图 3.105）坐落于云南宣威与贵州水城交界处，横跨云贵两省，全长 1341.4m，桥面到谷底垂直高度 565m。大桥东、西两岸的主桥墩高度分别为 269m 和 247m，720m 的主跨也仅次于后期开工建设的贵（阳）黔（西）高速公路鸭池河特大桥。

图 3.102　香港昂船洲大桥

图 3.103　多多罗大桥

图 3.104　诺曼底大桥

（7）南京八卦洲长江大桥

南京八卦洲长江大桥（图 3.106）原称南京长江第二大桥，位于现南京长江大桥下游 11km 处，全长 21.337km，由南、北汊大桥和南岸、八卦洲及北岸引线组成。其中：南汊大桥为钢箱梁斜拉桥，桥长 2938m，主跨为 628m，当时建成时，该跨径仅次于日本多多罗大桥和法国的诺曼底大桥，位居同类型桥中世界第三，中国第一，有"中华第一斜拉桥"的美誉；北汊大桥为钢筋混凝土预应力连续箱梁桥，桥长 2172m，主跨为 3×165m，该跨径在国内亦居领先。全线还设有 4 座互通立交、4 座特大桥、6 座大桥。

图 3.105　北盘江第一桥　　　　　　　　图 3.106　南京八卦洲长江大桥

（8）南京大胜关长江大桥

南京大胜关长江大桥（图 3.107），原南京长江三桥是长江南京段继南京长江大桥、南京八卦洲长江大桥之后建设的又一座跨江通道，2005 年 10 月，南京大胜关长江大桥建成通车。该桥位于现南京长江大桥上游约 19km 处的大胜关附近，横跨长江两岸，南与南京绕城公路相接，北与宁合高速公路相连，全长约 15.6km，其中跨江大桥长 4.744km，主桥采用主跨 648m 的双塔钢箱梁斜拉桥，桥塔采用钢结构，为国内第一座钢塔斜拉桥，也是世界上第一座弧线形钢塔斜拉桥。

（9）武汉白沙洲长江大桥

武汉白沙洲长江大桥（图 3.108）为双塔双索面钢箱梁桥与预应力混凝土箱梁组合的斜拉桥，于 1997 年 5 月开工，2000 年 9 月 9 日正式通车，工程总投资 11 亿元，全长 3589m，桥面宽 26.5m，6 车道，主跨 618m，设计时速为 80km/h，日通车能力为 5 万辆，分流过江车辆 29%，主要分流外地过汉车辆，它是武汉 88km 中环线上的重要跨江工程。白沙洲大桥的建成，使 107、316、318 等国道由"瓶颈"变通途，是打通武汉中环的两座桥梁之一。

图 3.107　南京大胜关长江大桥　　　　　　图 3.108　武汉白沙洲长江大桥

（10）青洲大桥

青洲大桥（图 3.109）位于福州市马尾区青州路及长乐区筹东村之间，是福州长乐国际机场连接福州市区的专用通道上跨越闽江的交通工程，目前已成为同三线国道的组成部分，2002 年 12 月建成的青洲大桥是一座主跨为 605m 的双塔双索面叠合梁斜拉桥，桥宽 29m，主梁采用工字形边梁与预应力混凝土桥面板叠合断面，A 字形桥塔高 175m。

（11）杨浦大桥

杨浦大桥（图 3.110）是一座跨越黄浦江的双塔双索面叠合梁斜拉桥。该桥位于上海市杨浦区宁国路地区，桥址离苏州河 5.3km，离吴淞口 20.5km，与南浦大桥相距 11km。杨浦大桥于 1993 年 9 月 15 日建成，总长为 7654m，主桥长 1172m、主跨 602m，主桥宽 30.35m，共设 6 车道。挺拔高耸的主塔有 208m，似一把利剑直刺苍穹，塔的两侧由 32 对钢索连接主梁，呈扇面展开，如巨型琴弦。该桥是市区内跨越黄浦江、连接浦西老市区与浦东开发区的重要桥梁，是上海市内环线的重要组成部分。

图 3.109　青洲大桥

图 3.110　杨浦大桥

3.7.5　世界上最大跨度的拱桥

（1）朝天门长江大桥

朝天门长江大桥（图 3.111）位于长江上游重庆主城区，西连江北五里店，东接南岸弹子石，主跨长 552m，全长 1741m，若含前后引桥段则长达 4881m，桥面上层为双向 6 车道主干道 I 级公路，设计速度 60km/h；桥面下层为 2 条双向轨道交通，并在两侧预留 2 个车道。该桥是重庆主城区的第 8 座跨江桥梁，于 2006 年 3 月动工，并于 2009 年 4 月 29 日通车。

（2）卢浦大桥

卢浦大桥（图 3.112）2000 年 10 月 25 日开工建设，2003 年 6 月 28 日建成通车，北起浦西鲁班路，穿越黄浦江，南至浦东济阳路，全长 3.76km，大桥主桥为全钢结构，大桥直线引桥全长 3900m，其中主桥长 750m，宽 28.75m，主跨 550m，采用一跨过江。主桥按 6 车道设计，设计航道净空为 46m，通航净宽为 340m，是钢结构拱桥。它也是世界上首座完全采用焊接工艺连接的大型拱桥（除合龙接口采用栓接外），现场焊接焊缝总长度达 4 万多

图 3.111　朝天门长江大桥

图 3.112　卢浦大桥

米，接近上海市内环高架路的总长度。

（3）合江长江一桥

合江长江一桥（图 3.113）2009 年 12 月开工建设，2013 年 6 月 3 日投入使用，位于四川省合江县，横跨于合江县榕山镇与白米乡之间，是泸渝高速公路（G93）跨长江的控制性工程，主桥为单跨跨径达 530m 的中承式钢管混凝土拱桥。大桥首创采用"摇臂抱杆"技术，顺利完成 150m 超高扣塔安装，大桥单吊吊重达 197t，突破国内大桥缆索吊装吊重纪录。

（4）新河峡大桥

新河峡大桥（图 3.114）位于美国西弗吉尼亚州费耶特维尔附近，横跨卡诺瓦河，是一座铁质拱桥。桥体长 924m，跨径 518m，桥面高出峡谷 267m。大桥于 1974 年 6 月开始建设，1977 年 10 月 22 日竣工。新河峡大桥是西弗吉尼亚州的标志，美国政府也因此规定在庆祝一年一度的筑桥纪念日时允许人们在这里跳伞。

图 3.113　合江长江一桥

图 3.114　新河峡大桥

（5）贝永大桥

贝永大桥（图 3.115）也被称为"巴约纳大桥"，位于美国新泽西州与纽约州之间，是第三条连接新泽西州和斯塔滕岛的大桥，也是最优雅、最漂亮的大桥之一。贝永大桥由卡斯·吉尔伯特设计，奥斯马·安曼建造，于 1928 年开始建设，1931 年建成并通车，1985 年被列为国际土木工程历史古迹。大桥为钢拱桥，长 1762m，宽 26m，距离水面 46m，最大跨度 504m，在落成时是世界上最长的钢铁拱桥。

（6）悉尼港湾大桥

悉尼港湾大桥（图 3.116）是早期悉尼的代表建筑。这座大桥从 1857 年设计到 1932 年竣工，是连接港口南北两岸的重要桥梁。桥梁全部用钢量为 5.28 万吨，铆钉 600 万个（最大铆钉重量 3.5kg），水泥 9.5 万立方米，桥塔、桥墩用花岗石 1.7 万立方米，建桥用油漆 27.2 万升，从这些数字足可见铁桥工程量之浩大。在 20 世纪 30 年代的条件下，能在海上凌空架桥，实为罕见。整个悉尼港湾大桥桥身长（包括引桥）1149m，从海面到桥面高 58.5m，从海面到桥顶高达 134m，万吨巨轮可以从桥下通过。桥面宽 49m，可通行各种汽车，两侧人行道各宽 3m。原来还铺设有轨电车车轨两条，后因交通拥挤拆除，划出 8 条汽车道。悉尼港湾大桥的最大特色是拱架，其拱架跨度为 503m，而且是单孔拱形，这是世界上少见的。大桥的钢架头搭在两个巨大的钢筋混凝土桥墩上，桥墩高 12m。两个桥墩上还各建有一座塔，塔高 95m，全部用花岗岩建造。

图 3.115　贝永大桥　　　　　图 3.116　悉尼港湾大桥

（7）重庆巫山长江公路大桥

重庆巫山长江公路大桥（图 3.117），位于长江三峡段的巫峡入口处，是一座钢管中承式拱桥。大桥桥面净宽 19m，双向 4 车道，主跨 492m，2001 年 12 月 28 日重庆巫山长江公路大桥开工建设，2005 年 1 月 8 日正式竣工通车。大桥引道全长 7.4km，路基宽 8～12m，为山岭重丘二级路。它被称为"渝东门户桥""渝东第一桥"。

图 3.117　重庆巫山长江公路大桥　　　　　图 3.118　宁波明州大桥

（8）宁波明州大桥

宁波明州大桥（图 3.118），是宁波市跨甬江的重要过江桥梁工程，位于北高教园区和宁波高新区之间，是一座中承式双肢钢箱拱桥，2008 年 2 月 13 日大桥举行开工典礼，2011 年 5 月 5 日正式通车。明州大桥是目前世界最大跨度中承式双肢钢箱系杆提篮拱桥，大桥主桥分为三跨，两边跨径均为 100m，主跨跨径达 450m，主桥采用全钢、全焊接结构，主体结构钢量达 3 万余吨。

（9）南广铁路西江大桥

南广高铁已于 2014 年 12 月 26 日全线开通。南广铁路西江大桥全长 604m，主桥为 450m 跨径中承式钢箱梁提篮式拱桥，属目前世界铁路同类桥梁中最大跨度的桥梁（图 3.119），也是南广铁路全线跨拱最大、科技含量最高、施工难度最大的桥梁，它的合龙标志着我国钢箱提篮拱桥建设技术迈入一个新的阶段。

（10）北盘江大桥

北盘江大桥（图 3.120）是沪昆高铁贵州西段的控制性工程，位于贵州省关岭布依族苗族自治县与晴隆县交界处，由中国中铁港航局承建，为上承式劲性骨架钢筋混凝土拱桥，大桥以一跨形式跨北盘江而过，距江面高约 300m，全长 721.25m，其中主桥 445m 的跨度。2010 年 10 月开工建设，2015 年 11 月 19 日顺利合龙，2016 年建成通车。

图 3.119　南广铁路西江大桥

图 3.120　沪昆高铁晴隆北盘江大桥

 讨论

选取一座大桥，分析其采用的结构，并介绍其施工过程。

3.8　岩土、隧道及地下工程

世界上最早的岩土工程是北京周口店发现的北京猿人洞穴。1300 多年前的赵州石拱桥地基处理是岩土工程实践的典范；我国的万里长城、西藏佛塔、埃及金字塔等用石灰材料做基础工程是很好的岩土工程土体材料改良的工程实践。1885 年美国芝加哥建成了世界上第一座具有现代意义的钢结构高层建筑，随后，全世界兴起了建造高层建筑之风，对地基承载力、地基变形的控制和稳定性提出了更高的要求，由此产生了大量的深基础工程。在这期间的打桩技术有落锤法施工、蒸汽打桩锤、导杆式柴油打桩锤、筒式柴油打桩锤。

自 20 世纪中叶以来，岩土工程发展条件变得成熟，岩土工程理论与技术有了突破，岩土工程有了史无前例的发展。

岩土工程以土力学与基础工程、岩石力学与工程等为理论基础，以岩石和土的利用、整治或改造作为研究内容，服务于各类工程主体的勘察、设计与施工的全过程，其特点是：工程对象多、行业广泛；建设环境复杂、投资大、风险高；隐蔽性好，防灾能力强；地下冬暖夏凉、运营费低、保护自然生态环境、土地多重利用。

18 世纪 60 年代提出许多岩土工程问题，施工机械的出现也为现代岩土工程的发展提供了物质条件，在此时开始出现土力学的经典理论，如土的摩尔 - 库仑强度理论、土压力理论、关于边坡稳定性的理论、有孔介质中水的渗透原理——达西定律、极限承载力公式等。20 世纪初岩土力学的理论与工程应用取得了快速发展，1923 年左右现代土力学奠基人太沙基完成了土力学有效应力原理和土的固结理论，此后泰勒和简布发展了土坡稳定性理论，比奥建立了土骨架压缩和渗透耦合的三维固体结构理论。

岩土中的许多问题不仅经典力学无法解释，现有的非线性和弹塑性本构理论也无能为力，因此，不少学者正在探索新的研究思路，土的随机性研究方兴未艾。岩土工程的发展将围绕现代土木工程建设中出现的岩土问题并融入环境科学、材料科学等其他学科取得的新成果。随着城市化的飞速发展，新型隧道及地下工程的形式层出不穷，为岩土工程的发展提供了很好的条件。下面以隧道工程为例，介绍部分知名工程。

 讨论

请给出世界范围内海底隧道和山岭隧道的长度排名。

（1）圣哥达基线隧道

圣哥达基线隧道（图 3.121、图 3.122），又译为哥达基线隧道、戈特哈德隧道，2016 年底开始运营。单条隧道长度超过 57km，全长 153.5km，有竖井和通道，是世界最长的隧道。隧道设计为两条平行隧道，各含一个轨道。此隧道为瑞士阿尔卑斯枢纽计划的一部分。通车后减少苏黎世到米兰约 1 个小时的运行时间，苏黎世到卢加诺运行时间减少到约 1 小时 40 分。该隧道建设用时达 17 年之久，共耗资 120 亿瑞士法郎（约合 110 亿欧元）。作为阿尔卑斯新铁路干线的重要组成部分，该隧道通车后将缩短瑞士与

图 3.121 施工中的圣哥达基线隧道

欧洲其他国家之间的铁路交通耗时，特别是惠及欧洲南北走向的交通。圣哥达基线隧道使欧洲北部与南部许多重要的港口紧密连接，如北部的鹿特丹、安特卫普和南部的热那亚。

（2）青函隧道

世界上最长的穿越海峡的隧道——青函隧道（图 3.123），即连接本州的青森与北海道的函馆之间的隧道。青函隧道横越津轻海峡，全长 54km，海底部分 23km。青函隧道 1964 年动工，1987 年建成，前后用了 23 年时间。

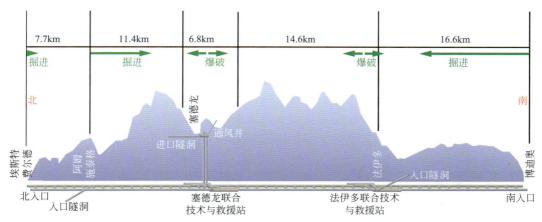

图 3.122 圣哥达基线隧道剖面图

(a) 青函隧道入口

(b) 青函隧道内景

图 3.123 青函隧道

青函隧道由 3 条隧道组成。主隧道全长 53.9km，其中海底部分 23.3km，陆上部分本州一侧为 13.55km，北海道一侧为 17km。主坑道宽 11.9m，高 9m，断面 80m²。除主隧道外，还有两条辅助坑道：一是调查海底地质用的先导坑道；二是搬运器材和运出砂石的作业坑道。这两条坑道高 4m、宽 5m，均处在海底。漏到隧道的海水会被引到先导坑道的水槽，然后再用高压泵排出地面。作业坑道则用作列车修理和轨道维修的场所。

（3）英吉利海峡隧道

英吉利海峡隧道（图 3.124）也称为英法海底隧道、欧洲隧道，是一条把英国英伦三岛连接通往法国的铁路隧道，位于英国多佛港与法国加来港之间，于 1994 年 5 月 6 日开通。它由三条长 51km 的平行隧洞组成，总长度 153km，其中海底段的隧洞长度为 3×38km。两条铁路洞衬砌后的直径为 7.6m，开挖洞径为 8.36～8.78m；中间一条后勤服务洞衬砌后的直径为 4.8m，开挖洞径为 5.38～5.77m。

从 1986 年 2 月 12 日法、英两国签订关于隧道连接的《坎特布利条约》到 1994 年 5 月 7 日正式通车，历时 8 年多。英法海底隧道位于英吉利海峡多佛尔水道下，连接英国的福克斯通和法国加来海峡省的科凯勒（位于法国北部的加来附近）。它的最低点有 75m 深。该隧道的海底部分有 37.9km，而相比之下，比海底部分全长 23.30km 的日本青函隧道更胜一筹。英法海底隧道承担着高速旅客列车欧洲之星、滚装汽车摆渡运输车欧隧穿梭。隧道两头分别与法国高速铁路北线和 1 号高速铁路相接。

（4）松山湖隧道

松山湖隧道是广惠城际铁路的一条隧道，全长 38.8km，设计时速 200km（图 3.125）。隧道采用明挖、暗挖、盾构三种方法施工，在城区内下穿大量的房屋、市政道路、桥梁、管线和河流等，是国内最长的铁路隧道，也是修建难度最大的一条隧道。作为松山湖高新区的重要交通基础设施，松山湖隧道的建设旨在提高区域交通效率，促进经济发展。隧道的起点位于松山湖高新区的新城大道，这里是高新区内多条主要道路的交会点，交通十分便捷。从新城大道出发，隧道向东北方向延伸，穿越山体和地下，直达终点莞番高速。

图 3.124　英吉利海峡隧道　　　　　　　　图 3.125　松山湖隧道

（5）深港连接隧道

深港连接隧道（图 3.126）是中国首条进港高铁隧道，是纵贯南北的京港高铁关键节点。作为广深港高速铁路的重要组成部分，它连接深圳与香港，全长 3886m。隧道掘进至深港分界线后，继续向香港方向延伸 1490m，最终通过香港米埔竖井完成拆除吊出。该工程穿越香港米埔湿地自然保护区及大理岩溶洞区，在生态保护与复杂地质条件的双重挑战下，其建设标准尤为严苛。由于沿线多为城市建筑密集区，施工难度极大。隧道的建成不仅将香港正式纳入内地高速铁路网，成为北京至香港九龙的首条地下过境高铁，更首次实现了中国国标与香港欧标技术的无缝对接。

（6）洛茨堡山底隧道

洛茨堡山底隧道（图 3.127）亦为前所未有的硬岩山岳隧道，全长 34km，2007 年 6 月开通。该隧道的建造目的主要是减少瑞士道路上重型卡车的拥堵问题，该隧道允许装载车辆的火车从德国出发，途经瑞士后在意大利卸载，同时也为游客去往阿尔卑斯山滑雪提供了更加便捷的路线，旅客列车最高时速可达到 322km/h。

图 3.126　深港连接隧道内景　　　　　　　图 3.127　洛茨堡山底隧道

（7）新关角隧道

新关角隧道（图 3.128），位于青藏铁路西（宁）格（尔木）段的青海天峻县境内，平均海拔超过 3600m，施工现场地质条件极端复杂。作为西格铁路二线工程的控制性工程，全长 32.645km，由中铁第一勘察设计院集团负责设计。新关角隧道设计为两座平行的单线隧道，设计速度为 160km/h，两线间距 40m，均位于直线段上，共设置了 11 座斜井（合计 15.26km）及 9.8km 的平行导坑辅助正洞掘进，于 2007 年 11 月 6 日全面开工，采用钻爆法施工，建设总工期为 5 年，实际将近 7 年。2014 年 4 月 15 日，新关角隧道全线贯通。隧道开通后使火车翻越关角山的时间缩短近 2 小时，大大提高青藏铁路的运力。

（8）川青铁路平安隧道

川青铁路平安隧道（图 3.129），位于中国四川省阿坝藏族羌族自治州境内，是川青铁路最重要的控制性工程，建成时是中国西南山区已贯通的最长铁路隧道。平安隧道于 2013 年 10 月 22 日开工建设，于 2023 年 11 月 28 日通车运营。平安隧道位于阿坝藏族羌族自治州茂县至松潘段的岷江河谷地段，为双洞单线铁路隧道，左线全长 28.426km，右线全长 28.4km，设计速度 200km/h。

图 3.128　新关角隧道

图 3.129　川青铁路平安隧道

（9）石太客专太行山隧道

石太客专太行山隧道（图 3.130），是目前我国最长的山岭隧道，为双洞单线，穿过海拔为 1311m 的太行山山脉主峰越霄山，最大埋深 445m，两线间距 35m，下行线全长 27839m，上行线全长 27848m，2007 年年底全线贯通。太行山隧道地质结构复杂，极易发生坍塌和大变形。采用钻爆法施工，全隧道设进口 1 个、斜井 9 个、出口 1 个，共 11 处施工通道、24 个工作面同时展开施工。

（10）挪威洛达尔隧道

挪威洛达尔隧道位于挪威西部地区，在洛达尔和艾于兰之间，全长 24.51km，是世界最长的公路隧道。1995 年 3 月开始动工兴建，2000 年 11 月 27 日正式通车。过去来往于奥斯陆和卑尔根的车辆不仅要在洛达尔乘三个小时的轮渡穿越洛达尔附近的松恩峡湾，而且还要在洛达尔和艾于兰之间翻越很长一段地势非常险峻的山路，这段山路在冬季冰冻时期禁止通行。洛达尔隧道通车后，奥斯陆与卑尔根之间的行车时间从以往的 14 个小时缩短至 7 个小时，车辆在冬季照常通行无阻。

在没有窗户的封闭隧道中连续行驶 20min 会让人感觉乏味，为了维持驾驶员的注意力集中，曾经参与过 10 个不同的隧道工程的伊利诺伊大学土木与环境工程教授优素福·哈沙什说，"就这条隧道的长度来说，需要一个精心设计的环境和照明系统。"洛达尔隧道中使用了一些解决方案，如明亮的蓝色灯光和微妙的曲线（图3.131），不过，最重要的是该隧道分为几个不同的部分，打破了整个行驶路线的单调性，给乘客造成一种仿佛他们是在几个小的隧道中行驶的感受。

图3.130 石太客专太行山隧道　　　　　图3.131 挪威洛达尔隧道

 讨论

地下工程还有哪些类型？查阅相关资料并介绍。（提示：城市地下综合管廊、地下商业综合体等。）

3.9 道路工程

公元前20世纪中国就有驮运道，黄帝发明了车轮，战国时期有了栈道，秦始皇修建了遍布全国的驰道网，隋朝有了御道，汉朝开创了丝绸之路，唐朝实行道路保养。公元960—1911年，在宋、元、明、清几个朝代中，道路工程技术均有不同的提高。公元前20世纪阿拉伯埃及共和国为建筑金字塔和狮身人面像，把大量的巨石从采石场运到工地，由此修建了道路。古罗马时代道路得到惊人的发展，形成了四通八达的交通网。几乎囊括了印加帝国所有疆域，贯穿各种地形。

国内外著名古代道路有丝绸之路、古罗马帝国道路、北美印加帝国道路。丝绸之路是公元前2世纪至13、14世纪期间，横跨亚洲的陆路交通干线，这条道路在世界道路发展史上占有重要地位。罗马拥有庞大的道路系统，古罗马帝国修建道路对维护帝国兴盛的作用巨大，形成了以罗马为中心、辐射全国的道路网，故有条条大路通罗马一说。印加帝国为巩固和发展自己的统治，在所有疆域的各种地形建造了四通八达的大道。

直到公元18世纪，近代道路工程开始在欧洲兴起。大家开始用科学方法改善道路工程。如提出采用凸面的路表使雨水迅速排到路侧的边沟中，以保证排水通畅。1958年，布莱克发明了轧石机，促进了碎石路面的发展，20世纪初，碎石路面被世界公认为当时最优良的路面而推广于全球。

自20世纪50年代起，世界发达国家的现代化公路交通迅猛发展。一方面是工业实行专业化改革，另一方面是由于汽车工业发展及人民生活水平提高、旅游事业的发展。为适应公路运输的发展需要，在公路建设方面，国内外大力发展高速公路，形成了高质量的公路网，不但增加了公路建设投资，还采用各种先进技术以降低成本，提高公路的效率。

现代公路工程是指公路构造物的勘察、测量、设计、施工、养护、管理等工作。公路工程构造物包括：路基、路面、桥梁、涵洞、隧道、排水系统、安全防护设施、绿化和交通监控设施，以及施工、养护和监控使用的房屋、车间和其他服务性设施。

2024 年我国高速公路通车里程为 19 万千米，普通公路已达 5443km。目前，我国高速公路建设任务主要是路网完善和等级提高。普通公路建设还任重道远，特别是要达到发达国家把公路修到每家每户的水平，还有大量的建设任务要做。到 2025 年，全国高速公路将新增通车里程 8000km，高速公路通车里程将达 20 万公里。

3.10　机场工程

航空运输又称飞机运输，它是在具有航空线路和飞机场的条件下，利用飞机作为运输工具进行货物运输的一种运输方式，目前航空运输已经成为城市之间运输最主要的交通工具和手段之一，远程航空运输拉近了世界的距离。航空运输拉动了飞机场建设的需求。

1783 年人类历史上第一次使用气球载人飞行，1903 年人类历史上第一架飞机起飞。伴随着飞机的发明，就出现了机场，亦称飞机场、空港、航空站。第一个为民航运输而设计的机场是克洛伊登机场。

最早的飞机起降落地点是草地，一般为圆形草坪，之后开始使用土质场地，避免草坪增加的阻力，然而，土质场地并不适合潮湿的气候，会泥泞不堪。随着飞机重量的增加，起降要求亦跟着提高，混凝土跑道开始出现，任何一种天气、任何时间皆适用。

随着大型宽体喷气式运输机和航空运输量的迅速增加，机场的飞行区不断扩大和完善，为了保证飞机在各种气候条件下安全起降，航站楼日益综合化和现代化。为了防止噪声和方便未来扩建，机场一般离开城市一段距离并由先进的客运系统与城市连接。当代机场系统包括空域和地域，前者即航站区空域，后者由飞行区、航站区、进出机场的地面交通组成。

欧美发达国家航空事业发展比中国要早数十年，我国航空事业发展主要是改革开放以后。近年来，我国航空运输发展速度惊人，2024 年我国境内机场全年旅客吞吐量超 14.6 亿人次，比上年增长 15.9%。分航线看，国内航线完成 13.6 亿人次，比上年增长 7.9%，国际航线完成近 1 亿人次，比上年增长 10.4%。

《"十四五"民用航空发展规划》提出加快机场基础设施建设。

① 加快枢纽机场建设。加快北京、上海、广州、成都、深圳、昆明、西安、重庆、乌鲁木齐、哈尔滨等国际航空枢纽建设，建成成都天府机场，规划建设珠三角枢纽（广州新）机场，推进天津、沈阳、济南、兰州、南宁、贵阳、拉萨等区域枢纽机场扩能改造，实施厦门、呼和浩特、大连、南通等机场迁建。建成投用湖北鄂州专业性货运枢纽机场，优化完善北京、上海、广州、深圳和郑州等综合性枢纽机场货运设施。研究提出由综合性枢纽机场和专业性货运枢纽机场共同组成的航空货运枢纽规划布局。

② 完善非枢纽机场布局。新建一批非枢纽机场，重点布局加密中西部地区和边境地区机场。加强新建机场前期论证，做好项目储备。坚持经济适用原则，实施一批非枢纽机场改扩建工程。加强支线机场通用航空保障能力，为国产支线飞机起降等配置相应设施，项目中要加强贯彻国防要求。审慎决策机场迁建，研究开展南阳、景德镇、黄山机场迁建项目前期工作。鼓励毗邻地区合资合作建设规划内机场设施，实现资源共享、互利共赢。

③ 推进存量设施提质增效。加强多机场、多跑道、多航站楼运行模式研究，注重空地资源匹配，探索运行新标准、新模式，充分挖掘设施潜力。支持有条件的机场优化改造跑滑系统，提升飞行区运行效率。适应旅客出行方式和需求变化，针对捷运系统、安检系统、行李系统等效率短板和流程堵点，推进既有机场航站楼空间重构和流程再造。

④ 优化提升航油保障能力。结合机场建设同步推进航油设施建设。规划建设粤港澳大湾区、西南等航油储运基地，提升支线机场航油保障能力，健全航油调度应急保障机制，确保航油供应安全。鼓励航油供应设施建设投资主体多元化。

世界著名的机场工程介绍如下。

（1）美国哈兹菲尔德 - 杰克逊亚特兰大国际机场

哈兹菲尔德 - 杰克逊亚特兰大国际机场，简称亚特兰大机场，是全世界旅客转乘量最大、最繁忙的机场之一（图 3.132）。2024 年，亚特兰大机场的旅客吞吐量约为 1.08 亿人次，稳坐全球第一。亚特兰大机场是一座 24 小时不间断的机场，有来自全世界的航空公司以此为重要枢纽。旅客可由此机场飞向全世界超过 45 个国家、72 个城市及超过 243 个目的地。

亚特兰大国际机场共有 7 座航站楼，总面积 63 万平方米，共设 247 个登机廊桥，5 座卫星厅，6 条跑道。机场有 1 个塔台，负责指挥飞机起降，还设有 4 个机坪塔台，负责飞机在停机坪上的指挥。

（2）中国北京首都国际机场

北京首都国际机场位于中国北京市朝阳区、顺义区，西南距北京市中心 25km，南距北京大兴国际机场 67km，为 4F 级国际机场，是世界一流大型国际枢纽、中国第一国门、国家门户枢纽。

截至 2024 年 11 月，北京首都国际机场 T1、T2、T3 航站楼（图 3.133）总面积 143.88 万平方米；民航站坪设 380 个机位，其中 114 个廊桥机位；三条跑道长均为 3800m；可满足年旅客吞吐量 8324 万人次、货邮吞吐量 180 万吨、飞机起降 58 万架次的使用需求。

图 3.132　哈兹菲尔德 - 杰克逊亚特兰大国际机场　　　图 3.133　北京首都国际机场级 T3 航站楼

从 1978 年至 2018 年，北京首都国际机场年旅客吞吐量由百万级增长到亿级，位居亚洲首位、全球第二。2024 年，北京首都国际机场完成旅客吞吐量 6736.7 万人次，同比增长 27.4%，全国排名第 3 位；货邮吞吐量 144.33 万吨，同比增长 37.6%，全国排名第 4 位。

（3）阿联酋迪拜国际机场

迪拜国际机场（图 3.134），位于阿联酋迪拜酋长国迪拜市，西南距迪拜市中心约 10km，是 4F 级国际机场、大型国际枢纽机场。迪拜国际机场总建筑面积为 212.2474 万平方米；共有 3 座航站楼，4 个卫星厅，两条跑道，跑道长宽均为 4000m、60m。

2024 年，通过其航站楼的旅客数量达到了创纪录的 9230 万人次，与 2023 年同期相比增长了 8%。

（4）日本东京国际机场

东京国际机场位于日本东京都大田区，西北距东京都中心 17 千米，为 4F 级机场、国际航空枢纽、日本国家中心机场、日本最大机场（图 3.135）。

东京国际机场共有 3 座航站楼，T1 航站楼面积 29.26 万平方米，T2 航站楼面积 18.23 万平方米，T3 航站楼面积 26.80 万平方米；国际航空货站面积 6.63 万平方米，民航站坪设近机位 74 个；共有 4 条跑道，均为 60m 宽，长分别为 3360m、3000m、2500m 和 2500m。

2024 年东京国际机场的旅客吞吐量为 8496.69 万人次，其中国际旅客吞吐量为 2209.0297 万人次，占全年总吞吐量的 26%。

图 3.134　迪拜国际机场

图 3.135　东京国际机场

（5）美国达拉斯沃思堡国际机场

达拉斯沃思堡国际机场，位于美国得克萨斯州，东南距达拉斯市中心 24km、西南距沃思堡市中心 29km，为 4F 级国际机场、门户型航空枢纽（图 3.136）。达拉斯沃思堡国际机场占地面积约 69.63km^2，为美国第二大机场，共有 5 座航站楼，171 个登机口，7 条跑道，最长跑道 4085m。2024 年，达拉斯沃思堡国际机场完成旅客吞吐量 8782 万人次，全球排名第 3 位；货邮吞吐量 77.4044 万吨（历史峰值 100.6123 万吨），全球排名第 23 位；飞机起降 68.9569 万架次（历史峰值 87.9371 万架次），全球排名第 3 位。

（6）伦敦希思罗机场

希思罗机场（图 3.137）位于英国英格兰大伦敦希灵登区南部，东距伦敦市中心 23km，为 4F 级国际机场、门户型国际航空枢纽、欧洲最繁忙的机场。

图 3.136　美国达拉斯沃思堡国际机场

图 3.137　伦敦希思罗机场

希思罗机场拥有两条平行的东西向跑道及五座航站楼，民航站坪设 212 个机位，其中廊桥近机位 133 个，远机位 64 个，货机机位 15 个；有 2 条跑道，均为 50m 宽，长分别为3902m 和 3658m。2024 年，希思罗机场完成旅客吞吐量 8390 万人次，货邮吞吐量 153 万吨，英国排名第 1 位。

（7）美国丹佛国际机场

丹佛国际机场（图 3.138）位于美国科罗拉多州丹佛市东北面，是美国占地面积（140km²）最大及全世界面积第二大机场。该机场共有主航站楼 1座（6 层），候机指廊 3 个，6 条跑道，其拥有美国最长的跑道（4877m）。2024 年，以乘客流量计算，丹佛国际机场是全美第三大机场、世界第六繁忙机场，吞吐量 8235 万人次。

图 3.138   美国丹佛国际机场

丹佛国际机场的屋顶用特殊布料覆盖，采用张力结构设计，令人联想到冬天受冰雪覆盖的落基山脉。另外一样负有盛名的是，连接各航厦和 A 大堂的行人天桥，旅客能看着飞机掠过。

（8）中国上海浦东国际机场

上海浦东国际机场（图 3.139）位于中国上海市浦东新区，距上海市中心约 30km，为4F 级民用机场，是中国三大门户复合枢纽之一，长三角地区国际航空货运枢纽群成员，华东机场群成员，华东区域第一大枢纽机场、门户机场。

截至 2023 年 12 月，上海浦东国际机场 T1 航站楼面积 34.6 万平方米，T2 航站楼 48.6万平方米，卫星厅面积 62.2 万平方米；民航站坪设 331 个机位，第一跑道长 3800m，第二跑道长 4000m，第三跑道长 3400m，第四跑道长 3800m，商飞跑道长 3400m；可满足年旅客吞吐量 8000 万人次、货邮吞吐量 420.6 万吨、飞机起降 65.3 万架次的使用需求。

2024 年，浦东国际机场全年旅客吞吐量达 7678.7 万人次，同比增长 41%，累计查验入出境外国人人数超过 760 万人次，比去年同期增加 110%。日前，斥资 800 亿元，上海浦东国际机场 T3 航站楼已开工建设，工程已于 2024 年 11 月开工建设，预计 2027 年底竣工，建设周期约 3 年。

（9）中国广州白云国际机场

广州白云国际机场（图 3.140）位于中国广州市，距广州市中心约 28km，为 4F 级民用国际机场，是中国三大门户复合枢纽机场之一，世界前五十位主要机场之一。2025 年 1 月23 日，广州白云国际机场第四跑道正式启用。机场现有三座航站楼，建筑面积 160 万平方米，有四条跑道。

图 3.139   上海浦东国际机场鸟瞰   图 3.140   广州白云国际机场

2024 年广州白云国际机场完成旅客吞吐量 7636.9 万人次，比上年同期增长 20.89%，累计查验出入境人员总量 1460 万余人次，同比增长 73%，入出境外国人占比连续两年居全国特大型空港口岸首位，货邮吞吐量 237.37 万吨，同比增长 17.3%。

（10）北京大兴国际机场

北京大兴国际机场（图 3.141）位于中国北京市，北距天安门 46km、北京首都国际机场 67km，南距雄安新区 55km，为 4F 级国际机场、国际航空枢纽、国家发展新动力源。

北京大兴国际机场航站楼面积为 78 万平方米，民航站坪设 343 个机位；飞行区设置 4 条跑道，其中 3 条长 3800m、1 条长 3400m；可满足年旅客吞吐量 7200 万人次、货邮吞吐量 200 万吨、飞机起降 62 万架次的使用需求。2024 年冬春航季，北京大兴国际机场通航国内客运航点 133 个，国际航点分布在亚洲、欧洲、非洲、大洋洲、北美洲等地。2024 年，大兴机场共计保障进出港航班 32.52 万架次，年旅客吞吐量 4941.67 万人次，较 2023 年增长超 1000 万人次。

图 3.141　北京大兴国际机场夜景

 讨论

北京大兴国际机场采用了哪些设计新理念？采用了什么结构形式？我国还有哪些机场借鉴了这些设计理念？

3.11　轨道交通工程

轨道交通工程包括与铁路有关的土木（轨道、路基、桥梁、隧道、站场）、机械（机车、车辆）和信号等工程，同时也包括修建轨道各阶段（勘测设计、施工、养护、改建）所运用的技术。

轨道交通萌芽于 16 世纪欧洲的采矿业。1803 年世界上首条公共铁路在伦敦开通。1814 年，制造了第一台蒸汽机车。1879 年第一辆小型电力机车问世。1825 年至 1879 年是轨道交通蓬勃发展的时期，19 世纪初至 20 世纪初是世界轨道交通发展最迅速、最辉煌的年代。

3.11.1　我国铁路建设发展历程

1876 年，英商在上海开办公司修筑淞沪铁路，是中国修建铁路的开端。由詹天佑主持修建了我国第一条铁路——京张铁路。1912 年，孙中山辞去临时大总统后全力筹办全国铁路，提出修建 10 万英里（160934km）铁路的计划。当时中国的铁路建设不仅数量少而且布局不合理，铁路技术标准混乱，质量较低。

中华人民共和国成立，掀开了中国铁路建设的新篇章。从 1950 年开始，国家进入三年经济复苏时期，全国铁路复旧工程取得了巨大成就。1952 年年底，全国铁路运营里程增加到 22876km，复旧的同时新线的建设也在进行，其中成昆铁路被称为人类在 20 世纪创造的三项最伟大的杰作之一。经过一个多世纪的建设和发展，特别是改革开放以后，我国铁路建设快速发展，截至 2019 年年底，中国铁路营业总里程达 13.9 万公里以上，其中高速铁路 3.5 万公里，位居世界第一，全国铁路复线率和电气化率分别达到 53.5% 和 61.8%。未来我国铁路建设任务还很繁重，有大量的普通铁路和高速铁路要建设。配合高铁建设，我国还修建了大量的高铁车站。

（1）北京南站

北京南站（图 3.142）是隶属北京铁路局的直属特等站，是一座高度现代化的中国铁路客运车站。

（2）上海虹桥车站

上海虹桥车站（图 3.143）位于上海市闵行区申虹路，东邻上海虹桥国际机场 T2 航站楼，是上海虹桥综合交通枢纽的重要组成部分，是一座高度现代化的中国铁路客运车站，是华东地区最大的火车站之一，也是虹桥机场 T2 航站楼、地铁、公交和火车站结合的超大型铁路综合枢纽。

（3）兰州西站

兰州西站（图 3.144）位于兰州市七里河区西津西路，隶属兰州铁路局管辖，现为特等站。兰州西站是全国一流的现代化巨型枢纽站，是西部最大规模的路网型铁路客运站，也是铁路总公司规划的十大区域性客运中心之一，京兰、广兰、兰成、宝兰、兰渝、兰新、兰青、包兰、陇海铁路，兰中、兰张城际铁路等 12 个方向的铁路将交会于此，让兰州西站成为西部地区最大的路网型客运枢纽。

图 3.142　北京南站站房

图 3.143　上海虹桥车站枢纽效果图

图 3.144　兰州西站上下车区

我国轨道交通工程现已是一张中国名片，向世界散发出中国魅力。目前我国的轨道交通建设主要以高速轨道交通和城市轨道交通为主。

3.11.2　高速、城市轨道交通工程

（1）高速轨道交通工程

高速轨道交通是社会经济发展的产物，具有全天候、安全性好、运能大、速度快、能耗低、污染轻、占地少等特点，是当代科学技术的一项重要成就。高速铁路与普通铁路最大的区别就是普通铁路是有砟轨道，高速铁路是无砟轨道。无砟轨道是指采用混凝土、沥青混合料等整体基础取代散粒碎石道床的轨道结构。其轨枕本身是由混凝土浇灌而成，而路基也不用碎石，钢轨、轨枕直接铺在混凝土路基上。无砟轨道是当今世界先进的轨道技术，可以减少维护、降低粉尘、美化环境，而且列车时速可以达到 300km/h 以上。2002 年秦沈客运专线的建成和京沈客运道路的拉通是我国第一条实质性的高速铁路。2006 年，我国西部第一

条高速铁路遂渝铁路客运专线正式开通。

"十四五"期间，我国要建设现代高效的城际城市交通。建设城市群中心城市间、中心城市与周边节点城市间 1～2 小时交通圈，打造城市群中心城市与周边重要城镇间 1 小时通勤都市圈。在城镇化地区大力发展城际铁路、市域（郊）铁路，形成多层次轨道交通骨干网络。实行公共交通优先，加快发展城市轨道交通、快速公交等大容量公共交通。到 2024 年，基本建成京津冀、长三角、珠三角、长江中游、中原、成渝、山东半岛城市群城际铁路网。加快 300 万以上人口城市轨道交通成网，新增城市轨道交通运营里程约 3000km。到"十四五"末期，整个铁路运营里程达到 16.5 万公里，其中高速铁路要达到 5 万公里的规模。

（2）城市轨道交通工程

城市轨道交通在其 100 多年的发展过程中，呈现出多元化的趋势，如今已形成了一个包括地铁、轻轨、独轨以及磁悬浮列车等多种形式的交通系统。自从 20 世纪 50 年代起，我国就着手筹备地铁建设，规划了北京地铁网络。目前，我国地铁已完成 9477.6km 地铁建设，预计 2025 年全国地铁将超过 10000km。

3.12　港口工程

港口是具有一定的水域和陆域面积及设备条件，供船舶安全进行货物或旅客的转载作业和船舶修理、供应燃料或其他物资等技术服务和生活服务的场所。

（1）港口发展历程

最原始的港口是天然港口，随着商业和航运业的发展，天然港口已不能满足经济发展的需要，需建立人工港口。秦汉时代是我国航海事业的孕育发展时期，唐朝时中国的近海和远洋航行，均处于世界航海界领先地位。从 17 世纪中叶到 20 世纪中叶的 300 年间，是土木工程也是港口工程迅猛前进的阶段。第二次工业革命期间，美国凭借其广大的地域和新兴的技术迅猛崛起，纽约港成为当时世界上最大的港口。

现代土木工程以社会生产力的现代发展为动力，以现代科学技术为背景，以现代工程材料为基础，以现代工艺与机具为手段高速向前发展。从新中国成立以来到现在，我国港口无论在数量上还是在速度上，都创造了奇迹，到 2024 年全球十大集装箱港吞吐量统计排名表显示，包括香港港在内的中国港口共包揽七席，前十大港口中，中国港口"军团"完成的集装箱吞吐量所占比重占到七成，为 70%。按吞吐量计，2024 年，全球十大集装箱港口排序依次为：宁波舟山港、深圳港、青岛港、广州港、釜山港、天津港（图 3.145）、迪拜港、香港港。我国已成为世界海运中心。

（2）港口工程建设

港口由水域和陆域两大部分组成，港口水域是港界线以内的水域面积，通常包括进港巷道、锚坡地和港地。陆域是指港口供货物装卸、堆存、转运和旅客集散之用的陆地面积。港口的特征参数主要有港口水深、码头泊位数、码头线长度、港口陆域高度。港口水工建筑物包括坡堤、码头、

图 3.145　天津港集装箱码头

护岸、修船和造船水工建筑物等。进出口港船舶的导航设施和港区护岸也属于港口水工建筑物的范围。

资源是人类生存和发展的物质基础，港口的建设和发展也必须合理有效地利用资源。现代港口通常处于沿海沿江的陆地与海河之间生态系统中的特殊地带，这些地带往往容易受到污染和过度的开发利用。与港口工程有关的突发性灾害有地震灾害、风暴潮灾害等。为了减少在灾害发生时给人们带来的生命和财产的损失，港口工程应该有足够的抗灾能力。

3.13 海洋工程

海洋工程是指以开发、利用、保护、恢复海洋资源为目的，并且工程主体位于海岸线向海一侧的新建、改建、扩建工程。一般认为海洋工程的主要内容可分为资源开发技术与装备设施技术两大部分，具体包括：围填海、海上堤坝工程，人工岛、海上和海底物资储藏设施、跨海桥梁、海底隧道工程，海底管道、海底电（光）缆工程，海洋矿产资源勘探开发及其附属工程，海上潮汐电站、波浪电站、温差电站等海洋能源开发利用工程，大型海水养殖场、人工鱼礁工程，盐田、海水淡化等海水综合利用工程，海上娱乐及运动、景观开发工程，以及国家海洋主管部门会同国务院环境保护主管部门规定的其他海洋工程。

各种海洋结构物由于在海洋环境中进行施工，给海上施工技术带来极大的难度和挑战。这里仅以海底沉管隧道的施工为例。在施工中必须解决的问题主要有以下几类：超重大管段在浮动状态下的精确沉放问题；水下地基基础处理，通常要求平整度≤100mm；水下测量与控制问题。因此，海洋工程施工是工程船舶技术、激光测量技术、电子定位技术、超声波技术、高精度传感器技术和信息控制技术的综合。我国沿江、沿海城市正纷纷筹划建造沉管隧道。例如，上海的黄浦江沉管隧道，其由8根长为110m、宽为48m、高为10m的管段组成，每根管段重5万吨，最大作业水深29m，建成后为8车道。该沉管隧道在上海交通大学海洋工程国家重点实验室完成管段水上运输、定位、沉放试验。由于沉管隧道比盾构隧道有车道多、投资省等特点，随着我国越海、越江交通事业的发展，可以预料沉管隧道的施工建造将会形成一个产业。我国自行设计施工的第一条沉管隧道——广州珠江隧道已于1993年通车。此外，宁波甬江隧道也已建成。但总的来说，我国目前沉管隧道设计与施工技术还处于积累经验阶段，在施工技术与设备上仍有待进一步研究与开发。我国于2018年10月建成的港珠澳大桥（图3.146）是一座跨海大桥，连接香港大屿山、澳门半岛和广东省珠海市，全长为49.968km，主体工程"海中桥隧"长35.578km，其中海底隧道长约6.75km，桥梁长约29km。

(a)　　　　　　　　　　　　　　(b)

图3.146　港珠澳大桥局部

深中通道（图 3.147、图 3.148），位于珠江三角洲伶仃洋海域，是广东省境内连接深圳市和中山市以及广州市的跨海通道，是世界级"桥、岛、隧、水下互通"跨海集群工程，也是构建粤港澳大湾区综合交通运输体系的核心交通枢纽工程，连接广东自贸区三大片区、沟通珠三角"深莞惠"与"珠中江"两大功能组团，使得珠江口东西两岸进入"半小时生活圈"；同时，作为珠三角"深莞惠"与"珠中江"两大城市群之间唯一公路直连通道，是广东自由贸易试验区（广州南沙、深圳前海和珠海横琴）、粤港澳大湾区之间的交通纽带。2024 年 6 月 30 日通车试运营的深中通道，线路东起于深圳机场互通立交，西至中山市翠亨东互通；通道线路主体工程全长约 24.0km，其中海中段长度约 22.4km；通道线路为双向八车道高速公路，主线设计速度为 100km/h，项目总投资 460 亿元人民币。

图 3.147　深中通道　　　　　　　　图 3.148　深中通道桥隧连接的人工岛

党的十九大报告中回顾经济建设成就时，特别提到了"南海岛礁建设积极推进"，肯定了在南海岛礁建设工作中取得的成就。2017 年中国在南海岛礁新建设施占地 29 万平方米，包括地下储存区域、行政建筑和大型雷达等设施。随着"天鲲"号和其他更多"造岛神器"陆续参与南海陆域吹填工程，南海岛礁的面积将会进一步扩展，布局相关功能设施的需求将会得到进一步满足。

3.14　水利水电工程

水利工程是用于控制和调配自然界的地表水和地下水，达到除害兴利目的而修建的工程。水是人类生产和生活必不可少的宝贵资源，但其自然存在的状态并不完全符合人类的需要。只有修建水利工程，才能控制水流，防止洪涝灾害，并进行水量的调节和分配，以满足人民生活和生产对水资源的需要。水利工程需要修建坝、堤、溢洪道、水闸、进水口、渠道、渡漕、筏道、鱼道等不同类型的水工建筑物，以实现其目标。

3.14.1　中国古代水利工程

我国古代有不少闻名世界的水利工程。这些工程不仅规模巨大，而且设计水平也很高，说明当时掌握的水文知识已经相当丰富了。

古代最重要的产业是农业，农业受自然因素的影响极大。这在古代科学技术不发达，人们抵御自然灾害能力低下的情况下更是如此。兴修水利不仅直接关系农业生产的发展，而且还可以扩大运输，加快物资流转，发展商业，推动整个社会经济繁荣。正是由于兴修水利具有如此的重要性，所以古代不仅在平定安世时期，还是在纷争动乱岁月，国家也往往不放弃水利事业的兴办。

由于历代政府的重视，中国古代的水利事业始终处于向前发展的趋势。夏朝时我国人民就掌握了原始的水利灌溉技术。西周时期已形成了蓄、引、灌、排的初级农田水利体系。春秋战国时期，都江堰、郑国渠等一批大型水利工程的完成，促进了中原、川西农业的发展。其后，农田水利事业由中原逐渐向全国发展。两汉时期主要在北方（如六辅渠、白渠），同时大的灌溉工程已跨过长江。魏晋以后水利事业继续向江南推进，到唐代基本上遍及全国。宋代更掀起了大办水利的热潮。元明清时期的大型水利工程虽不及宋前为多，但仍有不少，且地方小型农田水利工程兴建的数量越来越多。各种形式的水利工程在全国几乎到处可见，发挥着作用，取得显著的效益。

古代中国修建了大量水利工程。春秋战国时期秦国的都江堰、郑国渠，吴国开凿的古江南河（连接苏州与扬州）和邗沟（沟通长江与淮河水系，是最早有明确记载的运河）。秦朝修建了秦渠、灵渠，后世屡加修缮。两汉时期农田水利呈现地域特色：黄河流域以灌溉渠系为主，如六辅渠、白渠、龙首渠；江淮、江汉地区以修治天然陂池为主，如六门陂；东南地区侧重排水筑堤、改良淤田，如鉴湖；西北则利用雪水或地下水，修筑了新疆坎儿井等特殊工程。三国至南北朝时期，曹魏修复了芍陂、茹陂等渠堰堤塘；北魏孝文帝诏令有水田处皆需开渠灌溉。隋唐时期，大运河（605年开凿，含永济渠、通济渠、邗沟、江南河四段，以洛阳为中心，北抵涿郡、南达余杭）促进了农田灌溉。唐朝专设水利官员，江南水利工程数量远超六朝总和。五代十国时期有南唐的安丰塘、吴越的捍海塘等工程。元朝开凿会通河（东平至临清）、通惠河（通州至大都）等运河，连通原有水系。以下介绍部分古代水利工程遗产。

（1）都江堰

都江堰（图 3.149）位于四川省成都市都江堰市城西，坐落在成都平原西部的岷江上，始建于秦昭王末年（约公元前 256—前 251 年），是蜀郡太守李冰父子在前人鳖灵开凿的基础上组织修建的大型水利工程，由分水鱼嘴、飞沙堰、宝瓶口等部分组成，两千多年来一直发挥着防洪灌溉的作用，使成都平原成为沃野千里的"天府之国"，至今灌区已达 30 余县市、面积近千万亩，是全世界迄今为止，年代最久、唯一留存、仍在使用、以无坝引水为特征的宏大水利工程，凝聚着中国古代劳动人民勤劳、勇敢、智慧的结晶。

（2）郑国渠

郑国渠（图 3.150）是古代劳动人民修建的一项伟大工程，属于最早在关中建设的大型水利工程，位于今天的陕西省泾阳县西北 25km 的泾河北岸。它西引泾水东注洛水，长度超过 150km，灌溉面积达 280 万亩。

图 3.149　都江堰

图 3.150　郑国渠

（3）灵渠

灵渠（图 3.151），古称秦凿渠、零渠、陡河、兴安运河、湘桂运河，开挖于秦朝，秦始皇伐南越时，由史禄负责兴修，沟通了湘水和漓水，是古代中国劳动人民创造的一项伟大工程。灵渠位于广西壮族自治区兴安县境内，于公元前 214 年凿成通航。灵渠流向由东向西，将兴安县东面的海洋河（湘江源头，流向由南向北）和兴安县西面的大溶江（漓江源头，流向由北向南）相连，是世界上最古老的运河之一，有着"世界古代水利建筑明珠"的美誉。

图 3.151　灵渠

（4）京杭大运河

京杭大运河（图 3.152）是世界上里程最长、工程最大的古代运河，也是最古老的运河之一，与长城、坎儿井并称为中国古代的三项伟大工程，并且使用至今，是中国古代劳动人民创造的一项伟大工程。京杭大运河南起余杭（今杭州），北到涿郡（今北京），途经今浙江、江苏、山东、河北四省及天津、北京两市，贯通海河、黄河、淮河、长江、钱塘江五大水系，全长约 1797km。京杭大运河对中国南北地区之间的经济、文化发展与交流，特别是对沿线地区工农业经济的发展起了巨大作用。

(a) 京杭大运河平面示意

(b) 京杭大运河现状

图 3.152　京杭大运河

京杭大运河是春秋吴国为伐齐国而开凿，自开凿到现在已有 2500 多年的历史。2002 年，大运河被纳入了"南水北调"东线工程。2014 年 6 月 22 日，第 38 届世界遗产大会宣布，中国京杭大运河项目成功入选世界文化遗产名录，成为中国第 46 个世界遗产项目。

3.14.2　国家水网建设工程

2022 年 1 月 2 日，水利部印发《关于实施国家水网重大工程的指导意见》，水利部办公厅印发《"十四五"时期实施国家水网重大工程实施方案》，明确了加快推进国家水网重大工程建设的主要目标，重点围绕完善水资源优化配置体系，系统部署各项任务措施。《关于实施国家水网重大工程的指导意见》要求，到 2025 年，建设一批国家水网骨干工程。

2023 年 5 月 25 日，中共中央、国务院印发《国家水网建设规划纲要》，是当前和今后一个时期国家水网建设的重要指导性文件，规划期为 2021 年至 2035 年。

国家水网是以自然河湖为基础，引调排水工程为通道，调蓄工程为结点，智慧调控为手段，集水资源优化配置、流域防洪减灾、水生态系统保护等功能于一体的综合体系。这个工程体系有三要素，就是"纲、目、结"。所谓"纲"，就是自然河道和重大引调水工程为纲，它也是国家水网的主骨架和大动脉；所谓"目"，就是河湖连通工程和输配水工程；所谓"结"，是指调蓄能力比较强的水利枢纽工程。

（1）国家水网建设的目标

国家水网建设的目标是"系统完备、安全可靠，集约高效、绿色智能，循环通畅、调控有序"。建设国家水网工程，关键是要布好三个局：

第一，构建完善水资源优化配置和保障供给的格局。坚决按照习近平总书记提出的"十六字"治水思路，节水优先、空间均衡、系统治理、两手发力去构建这个格局。立足水资源空间均衡，坚持节水优先，量水而行，构建完善"南北调配、东西互济、多元保障"的国家水资源优化配置格局。

第二，完善流域防洪工程体系布局。遵循洪水发生和演进的规律，以流域为单元构建由水库、河道及堤防、蓄滞洪区为主要组成的流域防洪工程体系。

第三，优化河湖生态系统保护治理格局。以提升河湖生态系统的质量和稳定性为核心，加强水源涵养，加强水土保持生态建设，实施河湖生态系统保护治理工程，恢复水清岸绿的水生态系统，维护河湖健康生命。

（2）国家水网建设研究（请扫二维码查看。）

3.14.3 世界著名的水利水电工程

（1）三峡水电站

三峡水电站，即长江三峡水利枢纽工程，又称三峡工程（图 3.153），与中国湖北省宜昌市境内的长江西陵峡段与下游的葛洲坝水电站构成梯级电站。

三峡水电站是中国也是世界上最大的水利枢纽工程，是治理和开发长江的关键性骨干工程。三峡工程水库正常蓄水位 175m，总库容 393 亿立方米；水库全长 600km，平均宽度 1.1km；水库面积 1084km²。它具有防洪、发电、航运等功能。兴建三峡工程的首要目标是防洪。三峡水利枢纽

图 3.153　三峡水电站

地理位置优越，可有效地控制长江上游洪水。经三峡水库调蓄，可使荆江河段防洪标准由原约十年一遇提高到百年一遇。千年一遇或类似于 1870 年曾发生过的特大洪水，可配合荆江分洪等分蓄洪工程的运用，防止荆江河段两岸发生干堤溃决的毁灭性灾害，减轻中下游洪灾损失和对武汉市的洪水威胁，并可为洞庭湖区的治理创造条件。

（2）"南水北调"工程

南水北调是继三峡工程之后，我国又一个重大的国土建设工程。这一浩大的工程，对于我们提高资源综合利用效率、合理配置资源、增强环境意识和社会公益责任感，都提出了更高的要求。

从 20 世纪 50 年代提出"南水北调"的设想后，经过几十年研究，南水北调的总体布局确定为：分别从长江上、中、下游调水，以适应西北、华北各地的发展需要，即南水北调西线工程、南水北调中线工程和南水北调东线工程。建成后与长江、淮河、黄河、海河相互连接，将构成我国水资源"四横三纵、南北调配、东西互济"的总体格局。

中线工程（图 3.154）可缓解京、津、华北地区水资源危机，为京、津及河南、河北沿线城市生活、工业增加供水 64 亿立方米，农业 30 亿立方米，大大改善供水区生态环境和投资环境，推动我国中部地区的经济发展。从长江下游引水，基本沿京杭运河逐级提水北送，向黄淮海平原东部供水，终点天津，中线工程已于 2014 年 12 月投入使用。

东线工程（图 3.155）可为苏、皖、鲁、冀、津五省市净增供水量 143.3 亿立方米，其中生活、工业及航运用水 66.56 亿立方米，农业 76.76 亿立方米。东线工程实施后可基本解决天津市、河北黑龙港运东地区、山东鲁北、鲁西南和胶东部分城市的水资源紧缺问题，并具备向北京供水的条件，东线工程已于 2013 年投入使用。

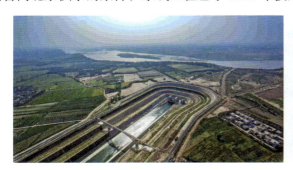 

图 3.154 "南水北调"中线工程穿越黄河　　　图 3.155 "南水北调"东线工程局部

西线工程：西线工程的供水目标主要是解决青、甘、宁、内蒙古、陕、晋 6 省（自治区）黄河上中游地区和渭河关中平原的缺水问题。结合兴建黄河干流上的骨干水利枢纽工程，还可以向邻近黄河流域的甘肃河西走廊地区供水，必要时也可向黄河下游补水。西线工程到目前还未开工建设。

南水北调工程是实现我国水资源优化配置的战略举措。受地理位置、调出区水资源量等条件限制，西、中、东三条调水线路各有其合理的供水范围，相互不能替代，根据各地区经济发展需要、前期工作情况和国家财力状况等条件分步实施。

（3）小浪底水利枢纽工程

小浪底水利枢纽（图 3.156）位于河南省洛阳市孟津县与济源市之间，三门峡水利枢纽下游 130km、河南省洛阳市以北 40km 的黄河干流上，控制流域面积 69.4 万平方公里，占黄河流域面积的 92.3%。坝址所在地南岸为孟津县小浪底村，北岸为济源市蓼坞村，是黄河中游最后一段峡谷的出口，是黄河干流三门峡以下唯一能取得较大库容的控制性工程。黄河小浪底水利枢纽工程是黄河干流上的一座集减淤、防洪、防凌、供水灌溉、发电等为一体的大型综合性水利工程，是治理开发黄河的关键性工程。

图3.156　小浪底水利枢纽工程

小浪底水利枢纽坝顶高程281m，正常蓄水位275m，库容126.5亿立方米，淤沙库容75.5亿立方米，调水调沙库容10.5亿立方米，长期有效库容51亿立方米，千年一遇设计洪水蓄洪量38.2亿立方米，万年一遇校核洪水蓄洪量40.5亿立方米。死水位230m，汛期防洪限制水位254m，防凌限制水位266m。防洪最大泄量17000亿立方米/秒，正常死水位泄量略大于8000m³/s。小浪底水库正常蓄水位时淹没影响面积277.8km²，施工区占地23.33km²，共涉及河南、山西两省的济源、孟津、新安、渑池、陕州区、平陆、夏县、垣曲8县（市）33个乡镇，动迁移民20万人。1991年9月，小浪底水利枢纽工程前期工程开工。2009年4月，全部工程通过竣工验收。

工程全部竣工后，水库面积达272.3km²，控制流域面积69.42万平方公里；总装机容量为180万千瓦，年平均发电量为51亿千瓦时；每年可增加40亿立方米的供水量。小浪底水库两岸分别为秦岭山系的崤山、韶山和邙山，中条山系、太行山系的王屋山。它的建成将有效地控制黄河洪水，可使黄河下游花园口的防洪标准由六十年一遇提高到千年一遇，基本解除黄河下游凌汛的威胁，减缓下游河道的淤积。小浪底水库还可以利用其长期有效库容调节非汛期径流，增加水量用于城市及工业供水、灌溉和发电。它处在承上启下控制下游水沙的关键部位，控制黄河输沙量的100%，可滞拦泥沙78亿吨，相当于20年下游河床不淤积抬高。

小浪底水利枢纽战略地位重要，工程规模宏大，地质条件复杂，水沙条件特殊，运用要求严格，被中外水利专家称为世界上最复杂的水利工程之一。

（4）伊泰普水电站

伊泰普水电站（图3.157），位于巴拉那河流经巴西与巴拉圭两国边境的河段，是目前世界第二大水电站，由巴西与巴拉圭共建，发电机组和发电量由两国均分。目前共有20台发电机组（每台70万千瓦），总装机容量1400万千瓦，年发电量900亿度，其中2008年发电948.6亿度，是当今世界装机容量第二大，发电量第二大水电站，仅次于我国三峡电站。

伊泰普水电站以上流域均在巴西境内，水量充沛、落差也较大。伊泰普水库总库容290亿立方米，有效库容190亿立方米，相当于年径流量的6.6%。在上游还建成23座水库，与伊泰普水库合计总库容2169亿立方米，其中有效库容1265亿立方米，相当于年径流量的44%，所以调节性能很好。

（5）胡佛大坝

胡佛大坝（图3.158）是美国综合开发科罗拉多河水资源的一项关键性工程，位于内华达州和亚利桑那州交界之处的黑峡，具有防洪、灌溉、发电、航运、供水等综合效益。大坝系混凝土重力拱坝，坝高221.4m，坝顶长379m，坝顶宽13.6m，坝底最大宽度202m，坝顶半径152m，中心角138°，坝体混凝土浇筑量为248.5万立方米。大坝形成的水库叫米德湖，总库容348.5亿立方米，在1931年4月开始动工兴建，1936年3月建成，1936年10月第一台机组正式发电。工程主要建筑物有拦河坝、导流隧洞、泄洪隧洞和电站厂房。

图 3.157　伊泰普水电站

图 3.158　胡佛大坝

图 3.159　罗贡坝

坝下的科罗拉多河原本是美国最深、水流最湍急的河流，如今缓缓而行，像一头驯服的野兽。坝址处流域控制面积 43.25 万平方公里，占总流域面积的 69%。水库面积 663.7km²。坝址处最大年径流量为 274 亿立方米，多年平均径流量 160 亿立方米。

（6）罗贡坝

罗贡坝（图 3.159）位于塔吉克斯坦瓦赫什河上、努列克坝上游 70km 处，是世界最高的土石坝，也是世界最高坝。工程于 1975 年开工，1989 年完工，具有灌溉和发电等综合效益。最大坝高 335m，坝顶长 660m，坝顶宽 20m，底宽 1500m。坝体体积 7550 万立方米、水库库容 133 亿立方米、水电装机 360 万千瓦。

罗贡水电站的建成不仅可以扩大瓦赫什河的阶梯发电量，更重要的是可使其全天候工作，除夏季正常运行发电外，还可在电力最短缺的冬季发电，以保证乌兹别克斯坦、土库曼斯坦、阿富汗的农业用水，使其免受年度降水的影响。

（7）阿斯旺高坝

阿斯旺高坝（图 3.160）位于埃及境内的尼罗河干流上，在开罗以南约 800km 的阿斯旺城附近，是一座大型综合水利枢纽工程，具有灌溉、发电、防洪、航运、旅游、水产等多种效益。

阿斯旺高坝由主坝、溢洪道和发电站三部分组成。大坝所使用的建筑材料约 4300 万立方米，其体积相当于开罗西郊胡夫大金字塔的 17 倍。

弧形拱桥式的大坝，高 111m，长 3830m，坝底宽 980m，顶部宽 40m，动用土石 4300 万立方米，将尼罗河拦腰截断，从而使河水向上回流，形成面积达 5120km²、蓄水量达 1640 亿立方米的人工湖——纳赛尔湖。大坝为黏土心墙堆石坝，当最高蓄水位 183m 时，水库总库容 1689 亿立方米，电站总装机容量 210 万千瓦，设计年发电量 100 亿千瓦时。工程于 1960 年 1 月 9 日开工，1967 年 10 月 15 日第一台机组投入运行，1970 年 7 月 15 日全部机组安装完毕并投入运行，同年工程全部竣工。

（8）奥罗维尔坝

奥罗维尔坝（图 3.161）是美国最高的人工土石坝，位于加利福尼亚州北部费瑟河上，距奥罗维尔市约 8km。坝高 234m，水库总库容 43.62 亿立方米，水电站装机容量 67.5 万千瓦。主要用途为蓄水、发电、防洪、旅游和养殖。

坝址以上流域面积 9360km²，年平均径流量（上游引水后）43 亿立方米，实测最大洪峰流量 7530m³/s。大坝按 450 年一遇洪水设计，相应流量为 12460m³/s；计算的最大可能洪水相当于千年一遇，相应流量为 20388m³/s。水库有效库容 33.12 亿立方米，水库面积 6390km²。

大坝坐落在变质火山岩层上，土石坝坝顶长 1700m，坝体体积 6100 万立方米。采用斜心墙，以减少因不均匀沉陷引起的开裂。心墙底部设混凝土垫层，它既可消除基础外形的突变，降低土心墙的高度，又可以保护已填筑的上游坝体安全度汛。坝轴线微向上游凸，以便在水库荷载作用下向下游挠曲时，坝体受压。由于大坝处于地震区，大坝设计时，根据已有

图 3.160　阿斯旺高坝　　　　　　　　　图 3.161　奥罗维尔坝

地震资料做了地震模型试验，模型比尺为 1：400 和 1：200，以验算大坝稳定安全系数。

（9）德沃夏克水电站

德沃夏克水电站（图 3.162）位于美国爱达荷州刘易斯顿以东 6.4km 处，在哥伦比亚河水系斯内克河支流克利尔沃特河北支上，距河口 3km。大坝为混凝土重力高坝，最大坝高 219m，坝顶高程 491.79m，坝顶长 1002m，坝顶宽 13.4m，坝底厚 152m，上游面为垂直面，下游面坡度为 1：0.8，坝段宽 19.8m，坝体混凝土浇筑量 493 万立方米。水库库容42.8亿立方米，电站现有总装机容量106万千瓦，年发电量 19.2 亿千瓦时。除发电外，还有防洪、供水和旅游等效益。该工程是综合开发哥伦比亚河-斯内克河水系水资源的重要工程之一，于 1966 年 8 月正式开工，1973 年 3 月工程全部竣工投产。

（10）葛兰峡谷大坝

葛兰峡谷大坝（图 3.163）建于亚利桑那州的科罗拉多河上。控制着科罗拉多河的水流，进行水力发电和水利调节。可以从周围的环境看出，这地方比较干燥，而大坝的使命就是为这部分特别干旱的地区贮存水资源。它高达 216m，拱形的顶部长达 470m。

图 3.162　德沃夏克水电站　　　　　　图 3.163　葛兰峡谷大坝

3.15　特种结构工程

特种结构工程是指除建筑工程、交通土建工程、矿山、码头、海洋、水利水电工程等以外的其他工程，其在土木工程中用途广泛，功能特殊，且结构形式复杂，比如广播电视塔、高烟囱、水塔、水池、筒仓及各种支挡工程等统称为特种结构工程。

近年来建设了大量的电视塔，电视塔多数具有微波传输和观光的双重功能。目前世界上最高的电视塔为波兰华尔扎那电视塔，高度为 646.38m，其次为东京晴空塔，高 634m。近年来，我国也建设了众多电视塔，1995 年建成的上海东方明珠电视塔，高度 468m，已成为上海浦东地标性建筑，我国最高的电视塔是广州电视塔，2010 年建成，高度达 610m。

大型火力发电厂出现，有了超高烟囱、散热塔（图 3.164）。目前，中国最高的单筒式钢筋混凝土烟囱为 210m。最高的多筒式钢筋混凝土烟囱是秦岭电厂 212m 高的四筒式烟囱。现在世界上已建成的高度超过 300m 的烟囱达数十座，例如米切尔电站的单筒式钢筋混凝土烟囱高达 368m，配套的也有大型双曲线冷却塔。

电厂、水泥厂和矿山上的各种储料仓和粮仓均属筒仓结构（图 3.165），各种边坡基坑支挡结构也属特种结构工程（图 3.166），水塔、水厂的水池，污水处理厂（图 3.167）的发酵塔均属特种结构工程的范畴。

图 3.164　大型火电厂的烟囱和散热塔

图 3.165　大型储料筒仓结构

图 3.166　超高边坡加固工程

图 3.167　某污水处理厂污水池

 思考题

1. 土木工程的主要研究对象有哪些？
2. 现代土木工程应达到哪些主要功能？
3. 简述土木工程材料的主要类型。
4. 简述常见的土木工程基础类型。
5. 简述结构承载力和变形控制的基本要求。

在线习题

土木

工程

导论

INTRODUCTION TO
CIVIL ENGINEERING

第4章

土木工程建设程序与决策

土木工程，属于基础设施，其建造要符合一个国家相关法律法规和发展规划的要求，因此，就存在项目决策和选址的论证、研究和审批等问题；一旦项目确定后，则要进行土木工程测绘、勘察、设计、施工、监理和维护等技术活动。

在线视频
在线习题
读者交流

 讨论　

为什么说土木工程项目需要有一个决策过程？

土木工程在建造和使用过程中有哪些技术活动？

土木工程项目建设前，需要有一个规划和决策的过程。首先项目业主单位要委托设计单位撰写项目建议书，项目建议书获得有关部门批准后，根据项目建议书的内容进行项目可行性研究，可行性研究方案获得通过后项目即可立项，之后的工作就是技术和管理两方面的工作，技术方面主要有地形测绘、场地勘察、设计和施工等方面的工作，管理方面主要有招投标、施工组织和监理等方面的工作。

4.1　土木工程建设程序与项目决策

4.1.1　土木工程项目决策

土木工程项目决策是对建设项目及其建设方案的最后选择和决定。我国基本建设程序规定，项目决策必须以设计任务书为依据。实际上，项目决策过程就是拟建项目设计任务书的编制和审批过程，设计任务书经有权审批单位审批后，项目随之成立，也就是项目的最终决策。

（1）项目决策的原则

随着现代经济和社会的发展，建设项目尤其是工业项目的技术经济要求越来越复杂，必须在科学的理论和方法指导下，进行细致深入的调查和论证，才能做出科学决策。决策必须遵循的原则是：

① 坚持先论证后决策的程序；

② 微观效益与宏观效益相结合，以国家利益为最高标准；

③ 与相关项目同步建设的原则，一个具有现代先进水平的建设项目，都有一系列与之相关的配套建设项目，只有与这些项目的前后左右、上下之间平衡和衔接，才能发挥整体的投资效益；

④ 决策的法制性，项目决策要符合国家和地方的有关法律法规，决策者要承担决策责任。

（2）项目决策的程序

中国经过长期的经济建设，在吸取成功和失败经验的基础上，通过学习和吸收国外项目管理的做法，初步形成了一套比较适合国情的项目决策程序。这一程序可归结为以下几个步骤。

① 根据国家经济、社会发展的长远规划，行业地区规划和经济、社会发展中长期计划，在调查研究和综合比较的基础上，提出需要进行可行性研究的项目建议书。

② 各级计划部门按照规定的决策权限，对提出的项目建议书进行审查和平衡，并按有关规定纳入各级的建设前期工作计划。列入前期工作计划的项目即可进行可行性研究的各项工作，以具体评价项目在建设上的可能性、技术上的可行性和经济财务的收益水平。在研究和分析论证的基础上，提出项目是否可行以及最佳的建设方案，并据此写出可行性研究报告和编制设计任务书。

③ 邀请有关技术、经济专家和承办投资贷款的银行，共同参加项目预审。对项目可行性研究报告和编制的设计任务书进行全面细致的检查、计算和核实，写出项目评估报告。

④ 在上述工作完成以后，如果项目是可行的，建设方案是优选的，有关决策部门则通过项目设计任务书，完成项目决策。

4.1.2　土木工程项目选址

土木工程项目选址是项目建设地点（厂址、线址、坝址等）的总称。一般项目决策是和项目选址结合在一起的，项目决策程序完成，项目选址也就完成。

4.1.3　土木工程项目建设程序

一旦项目决策，就要为建设做好以下准备：①获取土地使用权；②征地、拆迁、安置；③落实项目资金；④项目规划设计；⑤场地地形测绘；⑥场地的工程地质和水文地质勘测；⑦工程项目设计等步骤。

土木工程项目建设过程包括：①施工现场的三通一平；②项目发包；③施工组织管理；④项目控制与监理；⑤制定建设施工方案（包括：施工组织与协调计划，建材与设备供应计划，施工组织设计方案、基础设施配套的接洽与协商计划、工程清单与工程进度时间表、现金流量表、与承包商谈判与签约计划等）；⑥工程项目施工；⑦工程竣工验收与保修阶段备案等步骤。

4.2　土木工程场地测绘

土木工程项目确定以后，则要为工程设计提供有关技术资料，这些技术资料包括建设场地测绘图，场地工程地质和水文地质勘察报告等。

场地测绘是指对土木工程场地自然地理要素或者地表人工设施的形状、大小、空间位置及其属性等进行测定、采集，通过平面坐标定位和等高线做出地形图，见图 4.1～图 4.3。

测绘就是用测量仪器和数学方法进行测定和推算地面点的几何位置、地球形状及地球重力场，据此测量地球表面自然形状和人工设施的几何分布，并结合某些社会信息和自然信息的地理分布，编制全球和局部地区各种比例尺的地图和专题地图的理论和技术学科，又称测量学，它包括测量和制图两项主要内容。测绘在经济建设和国防建设中有广泛的应用。在城乡建设规划、国土资源利用、环境保护等工作中，必须进行土地测量并绘制各种地图，供规划和管理使用。在地质勘探、矿产开发、水利、交通等建设中，必须进行控制测量、矿山测量、路线测量和绘制地形图，供地质普查和各种建筑物设计施工用。测绘是土木工程建设最基础的工作，精确测绘是高精度、高质量完成土木工程建设的根本保障。图 4.4 是技术人员正在测量。

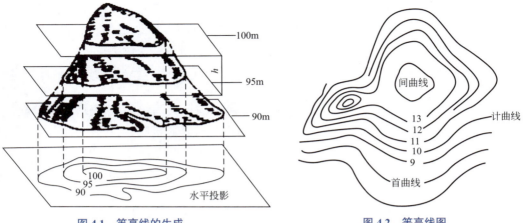

图 4.1　等高线的生成

图 4.2　等高线图

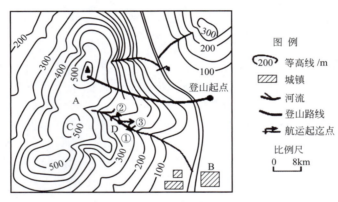

图 4.3　地形图

图　例

◯200　等高线 /m
▨　城镇
↤　河流
↜　登山路线
↤　航运起迄点

比例尺
0　　8km

测绘离不开测绘仪器，测绘仪器简单讲就是为测绘作业设计制造的数据采集、处理、输出等仪器和装置。主要仪器有以下几种：

经纬仪：测量水平角和竖直角的仪器（图 4.5）；

水准仪：测量两点间高差的仪器（图 4.6）；

平板仪：地面人工测绘大比例尺地形图的主要仪器（图 4.7）；

电磁波测距仪：应用电磁波运载测距信号测量两点间距离的仪器（图 4.8）。

图 4.4　技术人员正在测量

图 4.5　经纬仪

图 4.6　水准仪

图 4.7 平板仪　　　　图 4.8 电磁　　图 4.9 全站仪　　　图 4.10 陀螺经纬仪
　　　　　　　　　　　波测距仪

全站仪：全站仪也称为电子速测仪（图 4.9），由电子经纬仪、电磁波测距仪、微型计算机、程序模块、存储器和自动记录装置组成，快速进行测距、测角、计算、记录等多功能的电子测量仪器。

陀螺经纬仪：将陀螺仪和经纬仪组合在一起，用以测定真方位角的仪器（图 4.10）。

激光测量仪器：装有激光发射器的各种测量仪器。这类仪器较多，其共同点是将一个氦氖激光器与望远镜连接，把激光束导入望远镜筒，并使其与视准轴重合。利用激光束方向性好、发射角小、亮度高、红色可见等优点，形成一条鲜明的准直线，作为定向定位的依据。

土木工程测绘主要为工程建设提供精确的测量数据和大比例尺地图，保障工程选址合理，按设计施工和进行有效管理。在工程运营阶段对工程进行形变观测和沉降监测。

随着现代科学技术的发展，工程测量技术已从传统的仪器测量逐步向 GPS 与 RTK 技术、无人机测绘、三维激光扫描等高科技领域发展，这些技术的融合应用，极大地提高了测量的精度、效率和自动化水平，让工程建设更加智慧、绿色、可持续。

4.3 土木工程场地勘察

土木工程勘察是根据建设工程和法律法规的要求，查明、分析、评价建设场地的地质地理环境特征和岩土工程条件并提出合理基础建议，编制建设工程勘察文件的活动。包括岩土工程勘察、设计、治理、监测，水文地质勘察，环境地质勘察等工作。

土木工程勘察包括工程测量和工程地质勘察两部分，工程地质勘察工作是根据不同的目的，由浅及深分阶段地进行的，包括以下内容：

① 可行性研究勘察：对场地工程地质、水文地质和环境情况进行初步了解，满足选择工程场址方案的要求。

② 初步勘察：对场地工程地质、水文地质和环境情况进行较详细勘察，并能满足初步设计的要求。

③ 详细勘察：对场地工程地质、水文地质和环境情况进行详细勘察，并能满足施工图设计的要求。

④ 施工勘察：对场地工程地质、水文地质和环境情况复杂的场地或有特殊要求的工程，宜进行施工勘察。施工勘察是为编制建筑物的施工设计而进行的补充工程地质勘察。其任务是解决编制各个建筑物及其各个部分的施工详图时的工程地质问题。主要是利用各种开挖面

和施工导硐进行，必要时还可布置专门性的平硐、大口径钻井以及现场试验等。

场地较小且无特殊要求的工程可合并勘察阶段。当建筑物平面布置已经确定，且场地或其附近已有岩土工程资料时，可根据实际情况，直接进行详细勘察。

4.3.1　水文地质勘察

一般包括水文地质测绘、地球物理勘探、钻探（图4.11）、抽水试验、地下水动态观测、水文地质参数计算、地下水资源评价和地下水资源保护方案等方面的工作。其任务在于为建设项目的设计提供有关供水和地下水源的详细资料。

水文地质勘查通常分为初步勘察和详细勘察两个阶段。初步勘察阶段，应在几个可能多水的地段，查明水文地质条件，初步评价地下水资源，进行水源地方案比较。详细勘察阶段，应在拟见水源范围详细查明水文地质文件，进一步评

图4.11　工程地质和水文地质钻探

价地下水资源，提出合理开发方案。如果水文地质条件简单，勘察工作量不大，或只有一个水源地方案时，两阶段勘察工作可以合并进行。勘察工作的深度和成果，应能满足各个设计阶段的设计要求。

4.3.2　工程地质勘察

工程地质勘察的任务在于为建设项目的选址、设计和施工提供工程地质方面的详细资料。勘察阶段一般分为选址勘察、初步勘察、详细勘察及施工勘察。选址勘察阶段，应对拟选厂址的稳定性和适宜性作出工程地质评价，并为确定建筑总平面布置和各主要建筑物地基基础工程方案以及对不良地质现象的防治工程方案提供地质资料，以满足初步设计的要求。详细勘察阶段，应对建筑地质做出工程地质评价，并为地基基础设计、地基处理、加固与不良地质条件的防治工程，提供工程地质资料，以满足施工图设计的要求。

勘察报告的内容一般包括：任务要求和勘察工作概况，场地的地理位置，地形地貌，地质构造（图4.12），不良地质现象，地层条件，岩石和土的物理力学性质，场地的稳定性和

图4.12　钻芯取样摸清地质构造

适宜性，岩石和土的均匀性及允许承载力，地下水的影响，土的最大冻结深度，地震基本烈度，以及由工程建设可能引起的工程地质问题，供水水源地的水质水量评价，供水方案，水源的污染及发展趋势，不良地质现象和特殊地质现象的处理和防治等方面的结论意见、建议和措施等。

工程地质勘察工作结束后，应及时按规定编写勘察报告，绘制各种图表（图4.13～图4.16）。

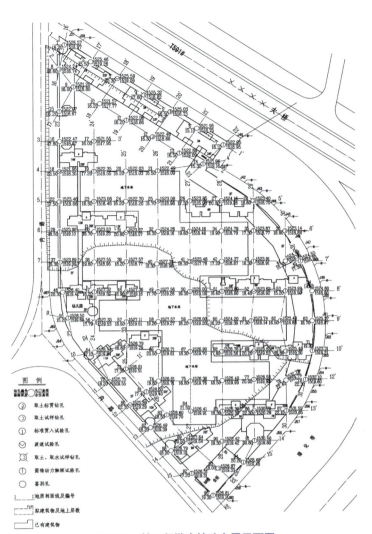

图4.13　某工程勘察钻孔布置平面图

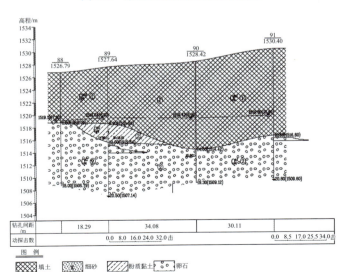

图4.14　某建筑工程勘察地质剖面图

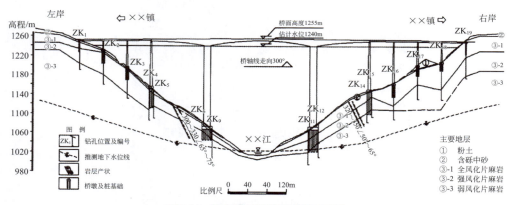

钻 孔 柱 状 图

工程名称	银河星座住宅小区						
工程编号	2011—125			钻孔编号	51	项目负责人	
孔口高程	1523.80m	坐	X=57292.58m	审　定		校　对	
孔口直径	130mm	标	Y=38779.67m	审　核		制　图	

地层编号	时代成因	层底深度/m	分层厚度/m	层底标高/m	柱状图 1:100	岩土名称及其特征	取样/m	标贯击数/击	稳定水位/m
①	Q_4^{ml}					填土：黄褐色，土质不均匀，以粉土为主，含有建筑垃圾、生活垃圾及少量细砂、卵石颗粒等。5.0m以上稍湿～湿，其下饱和，稍密			▽(1)5.00
		10.40	10.40	1513.40					
②	Q_4^{al}					卵石：杂色，成分以石英岩、花岗岩、变质岩等为主，磨圆度较好，呈亚圆形，级配良好，粒径以2～8cm为主，最大15cm，偶含漂石，卵石颗粒呈中风化，交错排列，充填物以细砂及圆砾为主，含少量粉土，骨架颗粒含量约占全重的60%～65%，稍密～中密			
		16.60	6.20	1507.20					

图4.15　某工程勘察柱状图

图4.16　某大桥工程勘察地质剖面图

4.4　土木工程设计

　　土木工程设计，是根据建设工程的要求，对建设工程所需的技术、经济、资源、环境等条件进行综合分析、论证，编制建设工程设计文件的活动。

　　土木工程设计是人们运用科技知识和技术手段，有目标地创造工程产品构思和计划的过程，几乎涉及人类活动的全部领域。虽然土木工程设计的费用往往只占最终产品成本的一小部分（8%～15%），然而它对产品的先进性和竞争能力却起着决定性的作用，并往往决定70%～80%的建造成本和运营服务成本。所以说工程设计是现代社会工业文明最重要的支柱，是工业创新的核心环节，也是现代社会生产力的龙头。工程设计的水平和能力是一个国家和地区工业创新能力和竞争能力的决定性因素之一。

工程设计是指对工程项目的建设提供有技术依据的设计文件和图纸的整个活动过程，是建设项目生命周期中的重要环节，是建设项目进行整体规划、体现具体实施意图的重要过程，是科学技术转化为生产力的纽带，是处理技术与经济关系的关键性环节，是确定与控制工程造价的重点阶段。工程设计是否经济合理，对工程建设项目造价的确定与控制具有十分重要的意义。

工程设计是根据建设工程和法律法规的要求，对建设工程所需的技术、经济、资源、环境等条件进行综合分析、论证，编制建设工程设计文件，提供相关服务的活动。包括总图、工艺设备、建筑、结构、动力、水、暖、电、通信、消防储运、自动控制、技术经济等工作。

建筑工程设计是对建筑造型、外观的设计，是对建筑结构的设计，是使建筑物满足使用功能的设计，是使建筑物具有外部造型美观、功能适用、使用安全的设计。

4.5　土木工程施工

土木工程施工是指运用工程设备、现代工程施工技术、施工组织和管理手段建造土木工程项目的过程（图 4.17、图 4.18）。随着现代土木工程复杂程度的提高，对施工设备、建筑材料、施工技术、施工组织和管理提出了更高的要求。

图 4.17　正在施工中的建筑工程

图 4.18　高速公路施工中正在架设桥梁

大量的现代化高水平工程机械的出现，推动了施工技术的快速发展，施工技术的进步大大提高了土木工程建设的进度。例如，桩基础工程施工的旋挖钻机是一种适合建筑基础工程中成孔作业的施工机械，主要适于各种土体、卵石和软岩等土层施工，在灌注桩、连续墙、基础加固等多种地基基础施工中得到广泛应用，最大成孔直径可达 1.5～5m，最大成孔深度为 60～120m，可以满足各类大型基础施工的要求（图 4.19）。混凝土施工的混凝土罐车（图 4.20）和混凝土泵送车（图 4.21）等的普遍运用，促进了混凝土工程的工厂化施工，混凝土罐车可装载混凝土 3～18m³，泵送车泵送最大高度可达

图 4.19　旋挖钻机在进行桩基础施工

300m。隧道施工的盾构机（图 4.22）和岩石掘进的 TBM 机[1]，大大加快了隧道施工的速度。盾构机生产是材料、机械等方面的技术集成，以前只有发达国家能够生产，随着我国近几年技术水平的提高，目前我国已经能够生产各种型号的盾构机。目前，世界上最大的盾构机是 2024 年中国制造的"山河号"，其最大开挖直径达到 17.5m，总长 163m，重量达 5200t，装机总功率 12580kW，开挖断面面积为 240m²。该盾构机用于济南黄岗路穿黄隧道掘进工程，月进尺（盾构机一个月内向前推进的距离）突破 426m，刷新了 17m 以上超大直径盾构机施工的世界纪录。虽然盾构机成本高昂，但可将地铁暗挖功效提高 8 到 10 倍，施工过程中，地面不用大面积拆迁，不阻断交通，施工无噪声，地面不沉降，不影响居民的正常生活，目前在地铁建设中广泛使用。桥梁施工应用的架桥机（图 4.23），是将预制好的梁片放置到预制好的桥墩上的设备。架桥机属于起重机范畴，因为其主要功能是将梁片提起，然后运送到位置后放下。架桥机架设的梁片重量从几十吨到 900t 之间。它可使钢筋混凝土桥梁的现场湿作业变成工厂化预制，可提高效率数倍，大大加快了施工速度。

图 4.20　混凝土罐车　　　　　图 4.21　混凝土泵送车

　　工程机械种类繁多，自重和动力大，液压控制要求高，其发展带动了材料、机械制造、控制等领域的发展，是我国最有发展前景的领域之一，这里不再一一介绍，以后可在"施工技术"等课程中了解。

　　施工和材料、结构、施工技术、施工组织与管理密切相关，有关材料、结构、施工技术、施工组织与管理将在本书其他章节和其他课程中介绍，这里不再赘述。

图 4.22　隧道施工的盾构机　　　　图 4.23　高速铁路架桥机在施工

---

[1] Tunnel Boring Machine，全断面隧道掘进机。

4.6　土木工程监理

　　土木工程监理活动是指具有相应资质等级的工程监理企业，受业主单位的委托，承担其项目管理工作，并对承包单位履行建设合同的行为进行监督和管理。

　　土木工程监理单位受项目业主委托，根据法律法规、工程建设标准、勘察设计文件及合同，在施工阶段对建设工程质量、造价、进度进行控制，对合同、信息进行管理，对工程建设相关方的关系进行协调，并履行建设工程安全生产管理法定职责的服务活动。

　　土木工程监理单位应公平、独立、诚信、科学地开展建设工程监理与相关服务活动。

　　土木工程监理应按照下列主要依据开展工作：①法律法规及工程建设标准；②建设工程勘察设计文件；③建设工程监理合同及其他合同文件。

　　监理单位应根据建设工程的规模、性质、业主对监理的要求，委派称职的人员担任项目总监理工程师。总监理工程师是一个建设工程监理工作的总负责人，他对内向监理单位负责，对外向业主负责。

4.7　土木工程运营与维护

　　土木工程项目验收通过，即交付业主使用，项目在保质期内由施工单位负责维修，保质期过后的维修和保养则归业主单位负责。

　　土木工程在运营期间存在维修与保养问题。土木工程的维修与保养是指对已建成的土木工程进行翻修、大修、中修、小修、综合维修和维护保养，维修与保养的主要目的是保护和提高土木工程的安全性与耐久性，有时是为了增强土木工程的适用性和艺术性。

　　建设工程承包单位在向业主提交工程竣工验收报告时，应当向建设单位出具质量保修书。质量保修书中应当明确建设工程的保修范围、保修期限和保修责任等。

　　建设工程在保修范围和保修期限内发生质量问题的，施工单位应当履行保修义务，并对造成的损失承担赔偿责任。

 思考题

在线习题

1. 简述土木工程项目的决策过程。
2. 土木工程测绘仪器和测绘内容有哪些？
3. 土木工程勘察的主要目的是什么？
4. 土木工程设计要考虑的主要问题和设计的主要内容有哪些？
5. 何为土木工程施工？未来土木工程施工如何发展？
6. 土木工程监理的主要目的是什么？
7. 为什么要对运营中的土木工程进行维护和保养？

土木

工程

导论

INTRODUCTION TO
CIVIL ENGINEERING

第 5 章
土木工程防灾减灾

　　各种自然或人为灾害，如地震、火灾、洪水、风灾、滑坡及泥石流、战争等会对土木工程结构造成破坏，严重的灾害会使土木工程结构破坏，造成人类生命财产损失。土木工程要研究防止各种灾害导致土木工程结构破坏和倒塌的方法，尽可能地防止和减少灾害给人类生命财产带来的损失。

在线视频
在线习题
读者交流

 讨论

为什么说坚固可靠的土木工程结构是防治灾害的最有效手段？

如何用土木工程的方法防治地震、洪水、风灾、滑坡、泥石流等自然灾害？

土木工程结构在其服役期间，不可避免地要遭遇各种自然或人为灾害的袭击，如地震、风灾、滑坡及泥石流、火灾等。我国是世界上自然灾害最为严重的国家之一。仅以地震为例，20世纪70年代以来，全世界死于地震灾害的总人数有60多万，中国所占比例高达63%。地震造成的伤残人数约为55万，中国所占比例接近60%。再拿地质灾害来说，全国每年因滑坡、泥石流等灾害造成的土木工程严重损毁事件多达上百起，每年耗费的建筑及路桥整治修复费用就达数百亿元。

我国地理环境复杂、自然环境恶劣、气候波动剧烈，地震和滑坡、泥石流等多种地质灾害此起彼伏，特别是我国西部地区，以地震为例，无论是发震次数，还是损失程度，西部地区在全国范围内都是较为严重的：20世纪我国有7次8级以上地震发生在西部，7级以上的地震有76%发生在西部，6级以上的地震有72%发生在西部。以近十年的地震活跃期为例，十年中成灾的地震约有110次，造成经济损失上万亿元，其中80%以上在西部，特别是汶川地震损失巨大。

西部也是我国地质灾害高发地区之一，汶川地震之后，震区及其波及范围造成山体破碎、土体松散，从2008年起由此引起的次生灾害不断发生，如泥石流、滑坡等自然灾害（表5.1）。近五年来，甘肃省兰州市滑坡不断，众多人口受到滑坡等地质灾害的威胁。从2008年汶川地震至今，发生在西北的泥石流、滑坡等自然灾害造成的人员死亡达3000余人，经济损失数千亿元。

目前，地震、泥石流、滑坡等灾害预报还是世界难题，世界公认最佳的防灾减灾途径依然是采用土木工程防灾减灾。全世界范围的土木工程防震减灾，防治泥石流、滑坡等地质灾害有大量的研究成果问世。我国近年在土木工程防震减灾研究方面也取得了长足的进步，有大量的防震减灾研究成果在工程上得到应用，受到地震破坏的实践检验。而滑坡、泥石流等防治研究工作从20世纪50年代开始，起步较晚，近几年在理论研究和防治工程方面均取得了一定的成绩，纵观近几年泥石流、滑坡等灾害的发生与破坏情况，说明了我们的防治理论研究和工程应用还有待发展。近年来，有关专家开展的滑坡、泥石流土木工程防治与资源化利用研究，已有很好的成果。因此，搞好土木工程防灾减灾和技术应用研究，才能保证土木工程安全可靠地使用并起到防灾减灾的作用。

表5.1　2008年后西部地区发生的泥石流、滑坡自然灾害

年份	2008年	2009年	2010年	2010年	2010年	2011年
地区	甘肃文县	四川康定	四川绵竹、映秀	甘肃舟曲	甘肃陇南成县、徽县	四川茂县、汶川、雅安等
灾害	泥石流	特大泥石流	特大泥石流	特大洪水泥石流	洪水泥石流	泥石流
年份	2012年	2012年	2009年	2011年	2011年	2012年
地区	甘肃岷县	四川宁南	甘肃永靖	甘肃东乡	西安灞桥	甘肃永靖
灾害	特大冰雹山洪泥石流	泥石流	特大滑坡	大面积滑坡、大面积地面塌陷和不稳定斜坡	山体滑坡	特大滑坡

5.1　土木工程防震减灾

5.1.1　地震的成因和分类

（1）地震基本概念

地震（earthquake）又称地动、地震动，是地球内部介质局部发生急剧破裂，产生地震波，从而在一定范围内引起地面振动的现象，期间地壳快速释放能量。它就像海啸、龙卷风、冰冻灾害一样，是地球上经常发生的一种自然灾害。

大地震动是地震最直观、最普遍的表现。在海底或滨海地区发生的强烈地震，能引起巨大的波浪，称为海啸。地震是极其频繁的，全球每年发生地震约500万次，真正能对人类造成严重危害的地震大约有10～20次，能造成特别严重灾害的地震大约有1～2次。

地震可以破坏房屋等工程设施，常常造成严重的人员伤亡，能引起火灾、水灾、有毒气体泄漏、细菌及放射性物质扩散，还可能造成海啸、滑坡、崩塌、地裂缝等次生灾害。

地震波发源的地方，叫作震源(Focus)。震源在地面上的垂直投影称为震中，也是地面上离震源最近的一点。它是接受振动最早的部位。震中到震源的深度叫作震源深度。通常将震源深度小于60km的叫浅源地震，深度在60～300km的叫中源地震，深度大于300km的叫深源地震。对于同样大小的地震，由于震源深度不一样，对地面造成的破坏程度也不一样。震源越浅，破坏越大，但波及范围也越小，反之亦然。

破坏性地震一般是浅源地震。如1976年唐山7.8级地震的震源深度为12km。破坏性地震的地面振动最烈处称为极震区，极震区往往也就是震中所在的地区。

观测点距震中的距离叫震中距。震中距小于100km的地震称为地方震，震中距在100～1000km的地震称为近震，震中距大于1000km的地震称为远震，其中，震中距越长的地方受到的影响和破坏越小。

地震所引起的地面振动是一种复杂的运动，它是纵波和横波共同作用的结果。在震中区，纵波使地面上下颠动，横波使地面水平晃动。由于纵波传播速度较快，衰减也较快，横波传播速度较慢，衰减也较慢，因此离震中较远的地方，往往感觉不到上下跳动，但能感到水平晃动。

当某地发生一个较大的地震时，在一段时间内，往往会发生一系列的地震，其中最大的

一个地震叫作主震，主震之前发生的地震叫前震，主震之后发生的地震叫余震。

（2）地震的类型与成因

地球可分为三层：中心层是地核；中间层是地幔；外层是地壳。地震一般发生在地壳中。地壳内部不停地变化，由此而产生力的作用（即内力作用），使地壳岩层变形、断裂、错动，于是便发生地震。超级地震指的是震波极其强烈的大地震，其发生频率占地震总量的7%～21%，但破坏程度是原子弹的数倍，所以超级地震具有巨大的破坏力，影响十分广泛。

地震分为天然地震和人工地震两大类。此外，某些特殊情况下也会产生地震，如大陨石冲击地面（陨石冲击地震）等。引起地球表层振动的原因很多，根据地震的成因，可以把地震分为以下几种。

① 构造地震。由于地下深处岩石破裂、错动把长期积累起来的能量急剧释放出来，以地震波的形式向四面八方传播，这种地震称为构造地震。这类地震发生的次数最多，破坏力也最大，约占全世界地震的90%以上。

② 火山地震。由于火山作用，如岩浆活动、气体爆炸等引起的地震称为火山地震。只有在火山活动区才可能发生火山地震，这类地震只占全世界地震的7%左右。

③ 塌陷地震。由于地下岩洞或矿井顶部塌陷而引起的地震称为塌陷地震。这类地震的规模比较小，次数也很少，即使有，也往往发生在溶洞密布的石灰岩地区或大规模地下开采的矿区。

④ 诱发地震。由于水库蓄水、油田注水等活动而引发的地震称为诱发地震。这类地震仅仅在某些特定的水库库区或油田地区发生。

⑤ 人工地震。地下核爆炸、炸药爆破等人为引起的地面振动称为人工地震。人工地震是由人为活动引起的地震。如工业爆破、地下核爆炸造成的振动；在深井中进行高压注水以及大水库蓄水后增加了地壳的压力，有时也会诱发地震。

（3）地震的时空分布

地震具有一定的时空分布规律。

从时间上看，地震活动在时间上具有一定的周期性。表现为在一定时间段内地震活动频繁、强度大，称为地震活跃期；而另一时间段内地震活动相对来讲频率低、强度小，称为地震平静期。

从空间上看，地震的分布呈带状分布，称地震带。地震的地理分布受一定的地质条件控制，具有一定的规律。地震大多发生在地壳不稳定的部位，特别是板块之间的消亡边界，易形成地震活动活跃的地震带。全世界主要有三个地震带：一是环太平洋地震带，包括南、北美洲太平洋沿岸，阿留申群岛、堪察加半岛、千岛群岛、日本列岛，经我国台湾省再到菲律宾转向东南直至新西兰，是地球上地震最活跃的地区，集中了全世界80%以上的地震，这个地震带是在太平洋板块和美洲板块、亚欧板块、印度洋板块的消亡边界，南极洲板块和美洲板块的消亡边界上；二是欧亚地震带，大致从印度尼西亚西部，过缅甸经中国横断山脉、喜马拉雅山脉，越过帕米尔高原，经中亚细亚到达地中海及其沿岸，这个地震带是在亚欧板块和非洲板块、印度洋板块的消亡边界上；三是中洋脊地震带包含延绵世界三大洋（太平洋、大西洋、印度洋）和北冰洋的中洋脊。中洋脊地震带仅含全球约5%的地震，此地震带的地震几乎都是浅层地震。

就大陆地震而言，主要集中在环太平洋地震带和地中海 - 喜马拉雅地震带两大地震带，太平洋地震带几乎集中了全世界80%以上的浅源地震，全部的中源和深源地震，所释放的地震能量约占全部能量的 80%。

我国也是一个地震多发的国家，我国的地震主要分布在五个区域：台湾地区、西南地区、西北地区、华北地区、东南沿海地区，23 条大小地震带也是地震多发地带，其中 8 级以上地震 8 次均发生在西部。

（4）地震科学数据的分类与获取

地震科学数据按其获取途径，可以划分为五类。

① 观测数据，包括：地震、地磁、重力、地形变、地电、地下流体、强震动、现今地壳运动等观测数据。这是地震科学数据中数量最大的一类数据。

② 探测数据，包括：人工地震、大地电磁、地震流动台阵等数据。

③ 调查数据，包括：地震地质、地震灾害、地震现场科考、工程震害、震害预测、地震遥感等数据。

④ 实验数据，包括：构造物理实验、新构造年代测试、建筑物结构抗震实验、岩土地震工程实验等数据。

⑤ 专题数据，这类数据为综合性数据，主要服务于某一重要研究专题、重大工程项目、某一特定区域综合研究等工作目标而建立的。例如，地学大断面探测研究，火山监测研究，水库地震监测研究，矿震监测研究，典型大震震害，建筑物地震安全性评价等方面的数据。

（5）地震的规模与划分标准

目前，衡量地震规模的标准，主要有震级和烈度两种。

① 地震震级。地震的级别是根据地震时释放的能量大小而定的。是鞭炮级的，还是手榴弹级的，还是炮弹级的，还是原子弹级的，还是氢弹级的，所释放的能量通过测定可以计算出来。一次地震释放的能量越多，地震级别就越大。目前人类有记录的震级最大的地震是 1960 年 5 月 22 日智利发生的 9.5 级地震，所释放的能量相当于一颗 1800 万吨炸药量的氢弹，或者相当于一个 100 万千瓦的发电厂 40 年的发电量。

目前，国际上一般采用美国地震学家查尔斯·弗朗西斯·芮希特和宾诺·古腾堡于 1935 年共同提出的震级划分法，即现在通常所说的里氏地震规模。里氏地震规模是地震波最大振幅以 10 为底的对数，并选择距震中 100km 的距离为标准。里氏地震规模每增强一级，释放的能量约增加 32 倍，相隔两级的震级其能量相差 1000（32×32）倍。

小于里氏地震规模 2.5 的地震，人们一般不易感觉到，称为小震或微震；里氏地震规模 2.5～4.5 的地震，震中附近的人会有不同程度的感觉，称为有感地震，全世界每年大约发生十几万次；大于里氏地震规模 5.0 的地震，会造成建筑物不同程度的损坏，称为破坏性地震，强震震级大于或等于 6 级，其中震级大于 8 级的又称为巨大地震。里氏地震规模 4.5 以上的地震可以在全球范围内监测到。

② 地震烈度。同样大小的地震，造成的破坏不一定相同；同一次地震，在不同的地方造成的破坏也不一样。为了衡量地震的破坏程度，科学家又"制作"了另一把"尺子"——地震烈度。在中国地震烈度表上，对人的感觉、一般房屋震害程度和其他现象作了描述，可以作为确定烈度的基本依据。影响烈度的因素有震级、震源深度、距震源的远近、地面状况和地层构造等。

一般情况下仅就烈度和震源、震级间的关系来说，震级越大震源越浅、烈度也越大。一般来讲，一次地震发生后，震中区的破坏最重，烈度最高，这个烈度称为震中烈度。从震中向四周扩展，地震烈度逐渐减小。所以，一次地震只有一个震级，但它所造成的破坏，即烈度在不同的地区是不同的，也就是说一次地震，可以划分出好几个烈度不同的地区。这与一颗炸弹爆炸后近处与远处造成破坏程度不同的意思一样。炸弹的炸药量，好比是震级；炸弹对不同地点的破坏程度，好比是烈度。

例如，2008年5月12日的四川汶川发生了8级大地震，震中最高烈度为11度，甘肃陇南烈度为9度，兰州烈度为5度。对于这次地震无论在何处，只能说汶川发生了8级地震，其他各地根据离汶川的距离和地质环境条件不同而烈度不同。

在世界各国使用的有几种不同的烈度表。西方国家比较通行的是改进的麦加利烈度表，简称M·M烈度表，从1度到12度共分12个烈度等级。日本将无感定为0度，有感则分为Ⅰ至Ⅶ度，共8个等级。我国按12个烈度等级划分烈度表。

烈度不仅跟震级有关，而且跟震源深度、距离震中的远近以及地震波通过的介质条件（如岩石的性质、岩层的构造等）等多种因素有关。我国地震震中震级与烈度见表5.2，我国地震烈度见表5.3。

表5.2　我国地震震中震级与烈度及震源深度之间的关系

震中烈度 / 震级	震源深度				震中烈度 / 震级	震源深度			
	5km	10km	15km	20km		5km	10km	15km	20km
3以下	5	4	3.5	3	6	9.5	8.5	8	7.5
4	5.5	5.5	5	4.5	7	11	10	9.5	9
5	8	7	6.5	6	8	12	11.5	11	10.5

表5.3　我国地震烈度

地震烈度	人的感觉	房屋震害			其他震害现象	水平向地震动参数	
		类型	震害程度	平均震害指数		峰值加速度/（m/s²）	峰值速度/（m/s）
Ⅰ	无感	—	—	—	—	—	—
Ⅱ	室内个别静止中的人有感觉	—	—	—	—	—	—
Ⅲ	室内少数静止中的人有感觉	—	门、窗轻微作响	—	悬挂物微动	—	—
Ⅳ	室内多数人、室外少数人有感觉，少数人梦中惊醒	—	门、窗作响	—	悬挂物明显摆动，器皿作响	—	—
Ⅴ	室内绝大多数、室外多数人有感觉，多数人梦中惊醒	—	门窗、屋顶、屋架颤动作响，灰土掉落，个别房屋墙体抹灰出现细微裂缝，个别屋顶烟囱掉砖	—	悬挂物大幅度晃动，不稳定器物摇动或翻倒	0.31（0.22～0.44）	0.03（0.02～0.04）
Ⅵ	多数人站立不稳，少数人惊逃户外	A	少数中等破坏，多数轻微破坏和/或基本完好	0.00～0.11	家具和物品移动；河岸和松软土出现裂缝，饱和砂层出现喷砂冒水；个别独立砖烟囱轻度裂缝	0.63（0.45～0.89）	0.06（0.05～0.09）
		B	个别中等破坏，少数轻微破坏，多数基本完好				
		C	个别轻微破坏，大多数基本完好	0.00～0.08			

续表

地震烈度	人的感觉	房屋震害				其他震害现象	水平向地震动参数	
		类型	震害程度		平均震害指数		峰值加速度/（m/s²）	峰值速度/（m/s）
VII	大多数人惊逃户外，骑自行车的人有感觉，行驶中的汽车驾乘人员有感觉	A	少数毁坏和/或严重破坏，多数中等和/或轻微破坏		0.09～0.31	物体从架子上掉落；河岸出现塌方，饱和砂层常见喷水冒砂，松软土地上地裂缝较多；大多数独立砖烟囱中等破坏	1.25（0.90～1.77）	0.13（0.10～0.18）
		B	少数中等破坏，多数轻微破坏和/或基本完好					
		C	少数中等和/或轻微破坏，多数基本完好		0.07～0.22			
VIII	多数人摇晃颠簸，行走困难	A	少数毁坏、多数严重和/或中等破坏		0.29～0.51	干硬土上出现裂缝，饱和砂层绝大多数喷砂冒水；大多数独立砖烟囱严重破坏	2.50（1.78～3.53）	0.25（0.19～0.35）
		B	个别毁坏，少数严重破坏，多数中等和/或轻微破坏					
		C	少数严重和/或中等破坏，多数轻微破坏		0.20～0.40			
IX	行动的人摔倒	A	多数严重破坏或/和毁坏		0.49～0.71	干硬土上多处出现裂缝，可见基岩裂缝、错动，滑坡、塌方常见；独立砖烟囱多数倒塌	5.00（3.54～7.07）	0.50（0.36～0.71）
		B	少数毁坏，多数严重和/或中等破坏					
		C	少数毁坏和/或严重破坏，多数中等和/或轻微破坏		0.38～0.60			
X	骑自行车的人会摔倒，处不稳状态的人会摔离原地，有抛起感	A	绝大多数毁坏		0.69～0.91	山崩和地震断裂出现，基岩上拱桥破坏；大多数独立砖烟囱从根部破坏或倒毁	10.00（7.08～14.14）	1.00（0.72～1.41）
		B	大多数毁坏					
		C	多数毁坏和/或严重破坏		0.58～0.80			
XI	—	A	绝大多数毁坏		0.89～1.00	地震断裂延续很大，大量山崩滑坡	—	—
		B						
		C			0.78～1.00			
XII	—	A	几乎全部毁坏		1.00	地面剧烈变化，山河改观	—	—
		B						
		C						

注：表中给出的"峰值加速度"和"峰值速度"是参考值，括号内给出的是变动范围。

　　一般震源浅、震级大的地震破坏面积虽然较小，但极震区破坏则较严重，震源较深、震级大的地震，影响面积比较大，而震中烈度则不太高。

5.1.2　地震的破坏效应

　　一次地震事件产生的直接和间接后果称作地震效应，它既反映了地震的强度，也是地震破坏方式的体现。地震效应包括由地震引起的地表位移和断裂；地震造成的建筑物和地面的毁坏（如地面倾斜、不均匀沉降、土壤液化和滑坡等）以及水面的异常波动（如湖啸和海啸）等。在一定范围内，地震效应通常与地震实际释放的能量、与震中的距离、岩土的性质、建筑物抗震性能等因素有关，因此地震效应也是地震的破坏力、地质条件和人类活动三者之间相互影响的结果。

　　地震是地球上所有自然灾害中给人类社会造成重大损失的一种地质灾害。破坏性地震，往往在没有什么预兆的情况下突然来临，大地震撼、地裂房塌，甚至摧毁整座城市，并且在地震之后，火灾、水灾、瘟疫等严重次生灾害更是雪上加霜，给人类带来了极大的灾难。据统计，全球每年要发生500万次左右地震，虽然大部分地震因为发生在海洋或地壳深处或是由于震级太小而不被人感觉到，但每年仍有不少地震给震区人民带来巨大的生命财产损失，仅20世纪以来，全世界就有120多万人死于地震，几乎每个地方都受到过地震的侵扰，世界历史上记载死亡人数超过20万人的共有6次，其中，4次发生在我国（见表5.4）。

表5.4　世界历史上记载的死亡人数超过20万人的地震

地震发生时间	地点	震级	死亡人数	备注
856年	伊朗	8级地震	20万人	
1303年	山西洪洞	8级地震	20万人	
1556年	陕西华县[①]	8级地震	83万人	
1920年	宁夏海原	8.5级地震	27万人	
1976年	河北唐山	7.8级地震	24.2万人	伤20余万人
2004年	印尼苏门答腊	8.7级地震	29.2万人	
2010年	海地	7.0级地震	22.5万人	伤19.6万人

① 陕西华州区。

5.1.3　地震对土木工程的破坏

　　地震是一个让人类无法抗拒的自然灾害，更是对人类生命和财产威胁最大的自然灾害之一。地震给土木工程带来的危害主要分为直接危害和间接危害两种。

（1）直接危害

　　直接危害以建筑物与构筑物的破坏为主。如房屋破坏（图5.1）、桥梁断落（图5.2），大坝开裂（图5.3），铁路、道路破坏（图5.4），地面裂缝（图5.5）、塌陷、喷砂冒水（图5.6）等。

(a) 唐山地震造成的房屋破坏　　(b) 汶川地震造成的房屋破坏1　　(c) 汶川地震造成的房屋破坏2

图5.1　房屋的破坏

图 5.2　5·12 汶川地震造成的桥梁断落

图 5.3　台湾 1999 年集集地震引起的大坝开裂破坏

(a) 唐山地震造成的铁轨变形

(b) 汶川地震造成的道路破坏

(c) 台湾集集地震造成的地裂错动(1)

(d) 台湾集集地震造成的地裂错动(2)

图 5.4　铁路、道路破坏

图 5.5　地震造成的地裂

图 5.6　1964 年日本新潟地震造成的地基液化破坏

（2）间接危害

间接危害主要是地震的次生灾害。地震是一种破坏力很大的自然灾害，除了直接造成房倒屋塌和山崩、地裂、砂土液化、喷砂冒水外，还会引起火灾、爆炸、毒气蔓延、水灾、滑坡、泥石流、瘟疫等次生灾害。此外，由于地震所造成的社会秩序混乱、生产停滞、家庭破坏、生活困苦和人们心理的损害，往往会造成比地震直接损失更大的危害。

5.1.4　土木工程防震

地震灾害主要表现为地震作用下建筑物、工程设施的破坏、倒塌，并由此引发的人员伤亡和经济损失。一般认为，地震在现有技术水平下很难做到准确预报，采用土木工程防震减灾的方法是最为经济可行的方法，应从建设场地规划、工程设施的防震减震两方面入手，同时，非工程减灾措施与救灾体系的建设也是重要的补充措施。

（1）场地规划

首先，要在对地区和建设场地进行地震安全性评价的基础上搞好国土的开发规划，应使工程建设避开易造成地震灾害的不利地段。选择安全的场地，并明确规定重大项目等工程的抗震设防标准。其次，要使新建工程和建筑物依据抗震设计和设防，尤其是重大工程和核电站、水库堤坝、供水、供电、通信、交通等生命线工程。对没有达到抗震要求而要长期使用的建筑物，应采取加固措施，再次，不仅抗震设计和设防要符合标准，而且要做好震害预测工作，地震灾害是可以预防的，综合防御工作做好了可以最大限度地减轻自然灾害。

选择建筑场地应避免以下几种情况：①活动断裂地带中容易发生地震的部位及附近地区；②地下水位较浅的地方和松软的土地；③地下有溶洞的地方；④地势较陡的山坡、斜坡及河坎旁边。当建筑的各项条件相同时，建筑在比较牢固的地基上和建筑在松软地基上的建筑物，一个可能完整无损，一个可能破坏倒塌。因此，建筑时，必须注意地基的地质条件和地形地貌。

（2）工程抗震设防

做工程抗震设防，即工程性措施，包括三个组成部分。①对重大建筑物、构筑物建设要在立项前依法进行充分的地震安全性评价，为工程的选址和建筑抗震设计提供依据。②一般工业和民用建筑的抗震设防，必须按照抗震设防要求进行抗震设计、施工，确保在地震条件下的安全。③对国家划定监视防御区的老旧楼房，特别是人口聚集的公共场所，应进行抗震性能的鉴定，不合格和不安全的要进行加固改造，使其能够具备法定的抗震能力。各类建筑物只要按照国家规定进行抗震设计、老旧房屋进行抗震加固改造，就可以达到小震可修、中震不坏、大震不倒的基本安全效果。

为提高建筑物的抗震性能，可以从以下几方面着手：①地基必须好，要求土质坚实，地下水埋藏较深，地震时，地基不致开裂、塌陷或液化；在不宜建设的地基上建筑，必须首先做好地基处理；②建筑物平、立面要力求整齐，高度不要超过规定，避免过于空旷、尽可能使开间小、隔墙多，以增加水平抗剪能力，如有特殊要求，必须事先采取措施；③建筑材料要有足够的强度，连接部位或薄弱环节要加强，增加建筑物的整体性能，同时必须保证施工质量，二层及以上的建筑和基础设施工程（包括桥梁、隧道、地下建筑等），则必须请专业人员按国家颁布的规范进行设计。

施工质量的好坏，对房屋的抗震性能影响很大。尽管建筑设计合理、场地选择适当，如果不注意施工质量，同样达不到抗震的目的。以砌体结构为例，施工质量涉及建筑材料的选择、灰浆的制法和使用、砌筑工艺等方面。建筑材料应选择强度大的材料，有条件时，应尽量采用轻质材料，如荆条、木筋草、石棉纤维板、矿棉板、石膏板、草纤维板、玻璃钢制品等；砌筑时，要保证灰浆饱满、砌体结实。砖石表面要干净、干砖要浸水后再砌，这样才能使砖石与灰浆黏结牢固。所有的墙身砖砌必须犬牙交错，互相咬衔，不能砌成通缝，尤其是转角处，更应注意；木骨架的榫眼大小和距离要恰当，这样才能使榫头紧密结合而不致削弱木构件的强度。混凝土的配制一定要严格按配方比例下料，浇筑件内的混凝土应均匀无气孔等。总之，精心施工，注意施工质量是保证建筑物具有抗震性能的重要方面。如果建筑材料等各方面都很好，而施工不好，建筑物的抗震性能肯定不会好。相反，即使建筑材料稍差，如果注意了施工质量，也能增强建筑物的抗震性能，这是相辅相成的。

（3）非工程性减灾措施

非工程性减灾措施则是除专业部门的地震监测和工程建设以外的一些政府和社会防御措施。主要是震害预防和应急对策。这是《中华人民共和国防震减灾法》赋予全社会的责任和义务，主要包括地震知识的宣传普及，各级组织、单位的地震应急预案的制定，模拟地震来临的应急演习训练等。

（4）救灾体系建设

第四道防线是紧急救援体系的建设。通过前几道防线，仍然不可能解决防震减灾中的一切问题，而地震的发生又是短暂的十几秒、几十秒时间。如果地震发生在夜晚，居室里的人又很多，加上停电停水、通信中断等许多不利因素，紧急救援是必须采取的第四道防线。世界上许多震例证明，紧急救援是否行动迅速，救援机械工具是否有效，是评价政府救助工作的标准。紧急救援要获得社会的基本满意度，要靠预案的充分准备，要靠临阵决策指挥的正确，要靠各种队伍的共同协作，要靠现代化技术设备的武装，更要靠平时的地震模拟演练。

5.2　土木工程防治滑坡、泥石流等地质灾害

5.2.1　滑坡

滑坡是指斜坡上的土体或者岩体，受河流冲刷、地下水活动、雨水浸泡、地震及人工切坡等因素影响，在重力作用下，沿着一定的软弱面或者软弱带，整体地或者分散地顺坡向下滑动的自然现象。运动的岩（土）体称为变位体或滑移体，未移动的下伏岩（土）体称为滑床（图 5.7）。

5.2.1.1　滑坡产生的原因和条件

滑坡的产生受其活动强度影响，而滑坡的活动强度，主要与滑坡的规模、滑移速度、滑移距离及其蓄积的势能和产生的功能有关。一般讲，滑坡体的位置越高、体积越大、移动速度越快、移动距离越远，则滑坡的活动强度也就越高，危害程度也就越大。具体讲来，影

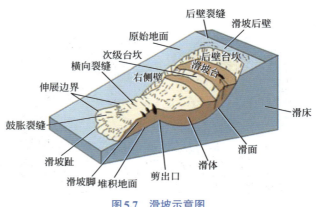

图 5.7　滑坡示意图

响滑坡活动强度的因素有以下几点。

（1）地形

坡度、高差越大，滑坡位能越大，所形成滑坡的滑速越高（图 5.8）。斜坡前方地形的开阔程度，对滑移距离的大小有很大影响。地形越开阔，则滑移距离越大。

（2）岩性

组成滑坡体岩（土）的力学强度越高、越完整，则滑坡往往就越少。构成滑坡滑面的岩（土）性质，直接影响着滑速的高低。一般讲，滑坡面的力学强度越低，滑坡体的滑速也就越高，2015 年 12 月 20 日，广东省深圳市光明新区凤凰社区恒泰裕工业园发生的山体滑坡就是饱和状态下岩（土）力学强度降低引起的（图 5.9）。

图 5.8　较高的垂直高差形成的滑坡

图 5.9　深圳市恒泰裕工业园发生山体滑坡

（3）地质构造

切割、分离坡体的地质构造越发育，形成滑坡的规模往往也就越大越多，图 5.10 就是构造形成的顺层板岩滑坡。

（4）诱发因素

诱发滑坡活动的外界因素越强，滑坡的活动强度则越大。如强烈地震、特大暴雨所诱发的滑坡多为大的高速滑坡，例如，2008 年汶川地震引起的滑坡（图 5.11）。

（5）人为因素

违反自然规律、破坏斜坡稳定条件的人类活动会诱发滑坡。如开挖坡脚，蓄水、排水等。

① 开挖坡脚。修建铁路、公路、依山建房、建厂等工程，常常因使坡体下部失去支撑而发生下滑。例如我国西南、西北的一些山区铁路、公路，因修建时大力爆破、强行开挖，事后陆陆续续地在边坡上发生了滑坡，给道路施工、运营带来危害（图 5.12、图 5.13）。

图 5.10　构造形成的顺层板岩滑坡

图 5.11　2008 年汶川地震形成的大量滑坡

图 5.12　某高速公路边坡开挖引起的滑坡张裂裂缝　　　　**图 5.13　某高速公路边坡开挖引起的滑坡**

② 蓄水、排水。水渠和水池的漫溢和渗漏、工业生产用水和废水的排放、农业灌溉等，均易使水流渗入坡体，加大孔隙水压力，软化岩（土）体，增大坡体容重，从而促使或诱发滑坡的发生。水库的水位上下急剧变动，加大了坡体的动水压力，也可使斜坡和岸坡诱发滑坡发生，坡体支撑不了过大的重量，失去平衡而沿软弱面下滑。甘肃永靖县盐锅峡黑方台滑坡（图 5.14）就是由于长期灌溉引起的连续滑坡。厂矿废渣的不合理堆弃，也会触发滑坡的发生。

(a) 甘肃永靖黑方台滑坡　　　　　　　　　　　　(b) 黑方台滑坡后缘裂缝

图 5.14　甘肃永靖黑方台滑坡

此外，劈山开矿的爆破作用，可使斜坡的岩（土）体受振动而破碎产生滑坡（图 5.15）；在山坡上乱砍滥伐，使坡体失去保护，便有利于雨水等水体的入渗从而诱发滑坡（图 5.16）。如果上述的人类作用与不利的自然作用互相结合，就更容易促进滑坡的发生。随着经济的发展，人类越来越多的工程活动破坏了自然坡体，因而滑坡的发生越来越频繁，并有愈演愈烈的趋势，应加以重视。

图 5.15　某山体爆破引起的滑坡　　　　　**图 5.16　降雨入渗引起的滑坡**

5.2.1.2　滑坡防治

滑坡防治是指在无法绕避滑坡地段或斜坡不稳定地段进行工程建设时所采取的防治措施。其措施必须在详细调查分析和研究对比各种方案的基础上进行。调查的内容主要有滑坡地段的工程地质条件、诱发滑动的主要和次要因素等。治理滑坡可以从以下两个大的方面着手。

（1）消除和减轻地表水和地下水的危害

滑坡的发生常和水的作用有密切的关系，水的作用，往往是引起滑坡的主要因素，因此，消除和减轻水对边坡的危害尤其重要，其目的是：降低孔隙水压力和动水压力，防止岩（土）体的软化及溶蚀分解，消除或减小水的冲刷和浪击作用。具体做法有：防止外围地表水进入滑坡区，可在滑坡边界修截水沟；在滑坡区内，可在坡面修筑排水沟。在覆盖层上可用浆砌片石或人造植被铺盖，防止地表水下渗。对于岩质边坡还可用喷混凝土护面或挂钢筋网喷混凝土。排除地下水的措施很多，应根据边坡的地质结构特征和水文地质条件加以选择。

常用的方法有：①水平钻孔疏干；②垂直孔排水；③竖井抽水；④隧洞疏干；⑤支撑盲沟。

为了拦截和旁引滑体以外的地表水，汇集和疏导滑体中的地下水，甘肃舟曲县锁儿头滑坡防治，设计了地下排水涵洞和地表排水系统（图5.17）以及新型"品"型抗滑桩（图5.18）。

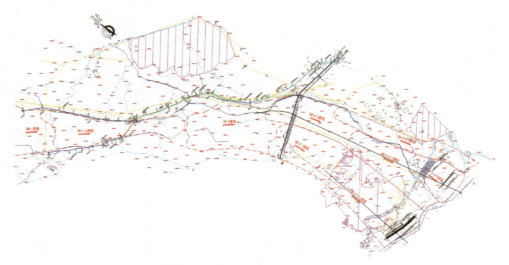

图5.17　舟曲锁儿头滑坡防治系统设计示意图

（2）改善边坡岩土体的力学强度

通过一定的工程技术措施，改善边坡岩土体的力学强度，提高其抗滑力，减小滑动力。

（3）改变斜坡力学平衡条件

如降低斜面坡度、坡顶减重回填于坡脚，必要时在坡脚或其他适当部位设置挡土墙、抗滑桩等工程防治措施，如甘肃省舟曲锁儿头滑坡防治和舟曲春长路泥石流

图5.18　舟曲锁儿头滑坡防治新型抗滑桩

灾后安置区滑坡防治（图 5.19），常用的措施如下。

①削坡减载，用降低坡高或放缓坡角来改善边坡的稳定性。削坡设计应尽量削减不稳定岩土体的高度，而阻滑部分岩土体不应削减。此法并不总是最经济、最有效的措施，要在施工前做经济技术比较。

②边坡人工加固，常用的方法有：

a. 修筑挡土墙、护墙等支挡不稳定岩体；

b. 钢筋混凝土抗滑桩或钢筋桩作为阻滑支撑工程；

c. 预应力锚杆或锚索，适用于加固有裂隙或软弱结构面的岩质边坡（图 5.20、图 5.21）；

d. 固结灌浆或电化学加固法加强边坡岩体或土体的强度；

e. 对滚石和崩塌可采用 SNS 边坡柔性防护技术（图 5.22）。

图 5.19　舟曲春长路安置区滑坡挡墙及
框架预应力锚索系统防治

图 5.20　某高速公路滑坡框架预应力
锚索系统防治

图 5.21　某公路滑坡钢筋混凝土挡墙
预应力锚索系统防治

图 5.22　某公路崩塌的 SNS 系统柔性防治

5.2.2　泥石流

5.2.2.1　泥石流的产生

泥石流是指在山区或者其他沟谷深壑、地形险峻的地区，因为暴雨、暴雪或其他自然灾害引发的山体滑坡并携带有大量泥沙以及石块的特殊洪流。泥石流具有突然性、流速快、流量大、物质容量大和破坏力强等特点。发生泥石流常常会冲毁公路铁路等交通设施甚至村镇等，造成巨大损失。

　　泥石流是暴雨、洪水将含有砂石且松软的土质山体经饱和稀释后形成的洪流，它的面积、体积和流量都较大，而滑坡是经稀释的土质山体小面积的区域，典型的泥石流由悬浮着粗大固体碎屑物并富含粉砂及黏土的黏稠泥浆组成。在适当的地形条件下，大量的水体浸透山坡或沟床中的固体堆积物质，使其稳定性降低，饱含水分的固体堆积物质在自身重力作用下发生运动，就形成了泥石流。泥石流是一种灾害性的地质现象，通常泥石流发生突然、来势凶猛，可携带巨大的石块，因其高速前进，具有强大的能量，因而破坏性极大。

　　泥石流的主要危害是破坏房屋及其他工程设施（图 5.23），造成人畜伤亡，破坏农作物、林木及耕地。此外，泥石流有时也会淤塞河道，不但阻断航运，还可能引起水灾。影响泥石流强度的因素较多，如泥石流容量、流速、流量等，其中泥石流流量对泥石流成灾程度的影响最为主要。此外，多种人为活动也在多方面加剧上述因素的作用，促进泥石流的形成，如 2010 年 8 月 7 日 22 时左右，甘南藏族自治州舟曲县城东北部山区突降特大暴雨，降雨量达 97mm，持续 40 多分钟，引发三眼峪、罗家峪等四条沟系特大山洪地质灾害，泥石流长约 5km，平均宽度 300m，平均厚度 5m，总体积 $750×10^4m^3$，流经区域被夷为平地。截至 2010 年 9 月 7 日，舟曲 8·7 特大泥石流灾害中遇难 1557 人，失踪 284 人（图5.24）。

图 5.23　泥石流破坏公路和桥梁

图 5.24　舟曲特大洪水泥石流破坏村庄和房屋

5.2.2.2　泥石流的防治

　　泥石流防治是一项由多种措施组成的系统工程。它主要由四方面措施组成。

　　① 削弱泥石流活动的防治体系。通过生物措施和工程措施，保护和治理流域环境，消除或削弱泥石流发生条件。

　　② 控制泥石流运动的防治体系。采用拦挡坝（图 5.25、图 5.26）、谷坊、排导槽（图5.27）、停淤场（图 5.28）等工程措施，调整和疏导泥石流流通途径和淤积场地，减少灾害破坏损失。

　　③ 预防泥石流危害的防护工程体系。修建渡槽（图 5.29）、涵洞（图 5.30）、隧道、明硐、护坡、挡墙、顺坝、丁坝等工程，对重要对象进行保护。

　　④ 预测、预报及救灾体系。对于遭受泥石流严重威胁的居民、企业和重要工程设施，及时搬迁、疏散，受灾时有效地抢险救灾，减少灾害破坏损失。

图 5.25　舟曲泥石流拦挡坝——三眼峪 1 号坝

图 5.26　舟曲泥石流拦挡坝——三眼峪小 1 号坝

图 5.27　舟曲三眼峪沟口泥石流排导槽

图 5.28　某泥石流沟多级停淤场

(a) 铁路线上泥石流渡槽

(b) 公路泥石流渡槽

图 5.29　渡槽

图 5.30　公路下泥石流排导槽和涵洞

5.3　土木工程防治其他灾害

除地震、滑坡、泥石流等地质灾害外，风灾（图 5.31）、洪水（图 5.32）都可以用土木工程方法进行防治。

图5.31　风灾造成的破坏

图5.32　洪水灾害

5.3.1　风灾及其防治

风灾是指因暴风、台风或飓风过境而造成的灾害。风灾是我国的主要灾害性天气之一，它发生时常常会毁坏土木建筑、掀翻渔船、妨碍公路和铁路交通，严重的甚至会造成人员伤亡。

气象上称 6 级（12m/s）或以上的风为大风。风灾灾害等级一般可划分为 3 级：①一般大风：相当 6～8 级大风，主要破坏农作物，对工程设施一般不会造成破坏；②较强大风：相当 9～11 级大风，除破坏农作物、林木外，对工程设施可造成不同程度的破坏；③特强大风：相当于 12 级和以上大风，除破坏农作物、林木外，对工程设施和船舶、车辆等可造成严重破坏，并严重威胁人员生命安全。

因此建筑物在设计时要考虑风压这一因素，按照 50 年或者 100 年一遇的风压设计高层建筑、桥梁及海洋工程，以保证风灾发生时土木工程的安全。忽视了这一点，就容易在大风天气里受损或毁坏，造成家庭财产的损失和人员伤亡。

5.3.2　洪水灾害及其防治

洪水灾害发生比较频繁，危及面集中，直接威胁人民的生命和财产，可能会造成重大的损失。洪水灾害大致可分三种：①河水漫堤、河流阻塞、海潮顶托等引起的洪水泛滥；②河岸冲刷侵蚀；③决口、河道摆动等引起的河流改道。据分析，在各种灾害成因中，河流的洪水泛滥是最主要的一种。

在建筑城市道路时，道路两侧应合理构建宽阔的排水河沟，河沟高度以容易清理河垢为标准。在排水河沟上面，科学合理地铺设坚固的钢筋水泥板后，覆盖适量的有机泥土种植灌木花草以及小型植物。排水河沟将雨水收集起来，引流向储水的小型堤坝里再通过合理利用后，引流向中型堤坝到大型堤坝（图 5.33），如果水量超出标准值时，最后洪水将顺着大堤坝河沟引流到江河和大海里（最后的堤坝高度要高于江水、海水涨潮时的水位线）。洪水暴发时，这些设施都可以有效地减少城市不必要的积水（聚水）现象。

一般大坝的功能除了防洪以外，还可以发电、灌溉，因此，修建防洪大坝（图 5.34）是防洪的最好手段。我国在黄河上一共修建有 19 个水电站、3 个水库、7 个水利枢纽，除带来了防洪效益，1960 年以后再也没有出现洪水灾害。长江在 1998 年发生百年不遇的特大洪水，长江下游多地告急，灾害造成巨大损失，自 2006 年三峡大坝建成发挥效益，除提供了巨大的电力外，截至目前长江再也没有发生过洪灾，因此，依靠土木工程可以解决防洪问题。

图 5.33　建造防洪堤坝

图 5.34　大型防洪堤坝

 思考题

1. 简述地震的类型和成因。
2. 简述地震震级和烈度的关系。
3. 为什么说我国是地震灾害最严重的国家？
4. 简述滑坡的成因和防治滑坡的方法？
5. 简述泥石流的特点和防治泥石流的措施？
6. 土木工程结构是如何防治风灾的？风是如何利用的？
7. 简述防洪和水的利用的辩证关系。
8. 有些灾害在防治的同时还可以转化为资源利用，哪些灾害通过防治可以转化为资源利用？

在线习题

土木

工程

导论

INTRODUCTION TO
CIVIL ENGINEERING

第6章

绿色土木工程与建筑节能

土木工程在建造和使用过程要耗费土地、资源和能源，建造和使用过程会造成环境破坏和污染。因此，在土木工程建造和使用过程中如何减少耕地浪费、资源和能源消耗，减少环境破坏和环境污染是土木工程建造和使用过程中的重大课题。

在线视频
在线习题
读者交流

　讨论

　　为什么说土木工程绿色建造是保护环境、保护资源和保护地球的重要手段？

　　如何实现土木工程绿色建造和建筑节能？

6.1　什么是绿色土木工程？

　　土木工程建设和使用都要耗费能源，建设过程要占用土地、耗费材料，甚至破坏环境。在全寿命期内，最大限度地节约资源（节能、节地、节水、节材）、保护环境、减少污染，为人们提供健康、适用和高效的使用空间，与自然和谐共生的土木工程称为绿色土木工程。

　　土木工程中房屋建筑（以下简称建筑）是能源耗费大户，如何实现建筑节能，是绿色土木工程发展面对的一大问题。建筑节能在国家能源节约战略中有着重要地位，建筑能耗占总能耗的25%～40%，与交通运输和工业一同被列为三大耗能行业。在建筑能耗中，空调制冷、供暖和热水占75%。住建部发布，截至2023年底，全国城镇人均住房建筑面积超过 $40m^2$，2022年公共建筑存量市场为114.07亿平方米，查阅相关资料估算保有量约500～550亿平方米。建筑耗能较大。

　　随着全球气候变暖，世界各国对建筑节能的关注程度正日益增加。人们越来越认识到，建筑使用能源所产生的二氧化碳是造成气候变暖的主要来源。节能建筑成为建筑发展的必然趋势，绿色建筑也应运而生。

　　"绿色建筑"的"绿色"，并不是指一般意义的立体绿化、屋顶花园，而是代表一种概念或象征，指建筑对环境无害，能充分利用环境自然资源，并且在不破坏环境基本生态平衡条件下建造的一种建筑，又可称为可持续发展建筑、生态建筑、回归大自然建筑、节能环保建筑等。绿色建筑的室内布局应合理，尽量减少使用合成材料，充分利用阳光，节省能源，为居住者创造一种接近自然的感觉。以人、建筑和自然环境的协调发展为目标，在利用天然条件和人工手段创造良好、健康居住环境的同时，尽可能地控制和减少对自然环境的使用和破坏，充分体现向大自然的索取和回报之间的平衡。

6.1.1　绿色土木工程统筹低碳城市新发展

　　为应对全球气候变化、资源能源短缺、生态环境恶化的挑战，人类正在遵循碳循环的概念，以低碳为导向，发展循环经济、建设低碳生态城市、推广普及低碳绿色土木工程。

中国在 2019 年 8 月颁布了《绿色建筑评价标准》（GB/T 50378），这是中国批准发布的升级版有关绿色建筑的国家标准。绿色建筑设计理念包括以下几个方面。

该标准强调建筑应结合地域的气候、环境、资源、经济和文化特点，对建筑的安全耐久、健康舒适、生活便利、资源节约和环境宜居等性能进行综合评价。绿色建筑设计理念应包括以下几方面：

　　① 安全耐久：确保建筑结构安全，延长使用寿命。
　　② 健康舒适：优化室内环境质量，包括空气质量、温湿度和声光环境。
　　③ 生活便利：提供便捷的配套设施和公共服务，如步行可达的公园、运动场地等。
　　④ 资源节约：强调节地、节能、节水、节材，例如绿色建材应用比例从 30% 提高至 40%。
　　⑤ 环境宜居：注重建筑与自然环境的和谐共生，减少对生态的负面影响。

该标准的实施不仅推动了建筑行业的可持续发展，还为实现"双碳"目标提供了重要支撑。未来，随着技术的进步和政策的完善，绿色建筑评价标准将进一步优化，为建筑行业的高质量发展提供更科学的指导。

6.1.2　绿色土木工程对室内环境的要求

绿色土木工程之所以强调室内环境，是因为空调界的主流思想是在内外部环境之间争取一个平衡的关系，而对内部环境，即对健康、舒适及建筑用户的生产效率，表现出不同的需求。

（1）温度问题

首先热舒适明显影响工作效率。传统的空调系统能够维持室内温度，但是，近几年的研究表明，使用空调使室内达到绝对舒适，容易引发"空调病"，且消耗大量能源。而绿色建筑要求除保证人体热平衡外，应注意身体个别部位如头部和足部对温度的特殊要求，并善于应用自然能源。除了冬夏空调设计条件外，还要分析当地气候及建筑内部负荷变化对室内环境舒适性的影响。

（2）日光照明、声问题

同样，室内光环境直接影响工作效率和室内气氛。绿色建筑中引进无污染、光色好的日光作为光源是绿色光环境的一部分。舒适健康的光环境同时应包括易于观看、安全美观的亮度分布、眩光控制和照度均匀控制等，因此应根据不同的时间、地点调节光强从而不影响阳光的高品质。另外，健康舒适的声环境有利于人体身心健康。绿色声环境要求不损伤听力并尽量减少噪声源。这样，设计时通常将产生噪声的设备单独布置在远离使用房间部位，并控制室外噪声级。

（3）空气质量

通常影响空气质量的因素包括空气流动、空气的洁净程度等。如果空气流动不够，人会感到不舒服，流动过快则会影响温度以及洁净度。因此应根据不同的环境调节适当的新风量，控制空气的洁净度、流速使得空气质量达到较优状态。对室内空气污染物的有效控制也是室内环境改善的主要途径之一。影响室内空气品质的污染物有成千上万种，绿色建筑认为不仅要使空气中的污染物浓度达到公认的有害浓度指标以下，并且要使处于室内的绝大多数人对室内空气品质指标表示满意。

6.1.3　绿色土木工程对室外环境的要求

绿色土木工程创造的居住环境，既包括人工环境，也包括自然环境。在进行绿色环境规划时，不仅要重视创造景观，同时要重视环境融合，即以整体的观点考虑持续化、自然化。可持续的应用，除了建筑本身外还包括所需的周围自然环境，生活用水的有效（生态）利用，废水处理及还原，所在地的气候条件。

绿色土木工程对室外环境的要求如下。

（1）选址的要求

场地选址应符合城乡规划，符合各类保护区的建设要求。建设场地应无洪涝灾害、泥石流及含氡土壤的威胁，建筑场地安全范围内无危险源及重大污染源。

（2）土地利用的要求

在满足当地城乡规划和室外环境质量的前提下，避免过低的建筑容积率。合理选用废弃场地和未利用地进行建设。合理开发利用地下空间。提高空间利用效率，提倡建筑空间与设施的共享，设置对外共享的公共开放空间。

（3）声、热、风、光的要求

场地内及周边不存在大气污染物排放超标的污染源，环境噪声应符合国家标准《声环境质量标准》（GB 3096—2008）的规定。室外日平均热岛强度不高于1.5℃。建筑物周围行人区1.5m处风速不高于5m/s，冬季建筑物前后压差不宜大于5Pa，夏季保证建筑物前后适宜压差，避免出现旋涡和死角。建筑物不影响周边居住建筑的日照要求，室外公共活动区域和绿地冬季宜有日照。建筑不对周边建筑物和道路造成光污染。

（4）交通要求

建筑场地应与公共交通有便捷的联系，应设置自行车设施及专门的人行道，考虑机动车停车的数量和设施满足最基本的需要，并采用多种停车方式节约用地。

（5）场地生态

建筑场地设计与建筑布局结合现状地形进行设计，尽可能减少对原有地形地貌的破坏。将建筑场地内的表层土进行分类收集，采取生态恢复措施，并在施工后充分利用表层土。建筑场地设计应保护场地内的自然河流、水体及湿地。合理规划地表与屋面雨水径流途径，降低地表径流，减少排入市政管道的雨水量。建筑场地的绿地率高于规划设计条件要求，并合理采用屋顶绿化、垂直绿化等方式。选择适宜当地气候和土壤条件的乡土植物，采用包含乔、灌木的复层绿化，且种植区域有足够的覆土深度和排水性。设有水景的项目，结合雨水收集等节水措施合理设计生态水景，水景用水不得使用自来水作为补充水。

6.2　建筑节能

建筑节能，指在建筑材料生产、房屋建筑和构筑物施工及使用过程中，满足同等需要或达到相同目的的条件下，尽可能降低能耗。

全面的建筑节能，就是建筑全寿命过程中每一个环节节能的总和。全面的建筑节能是指建筑在选址、规划、设计、建造和使用过程中，通过采用节能型的建筑材料、产品和设备，执行建筑节能标准，加强建筑物所使用的节能设备的运行管理，合理设计建筑围护结构的热工性能，提高采暖、制冷、照明、通风、给排水和管道系统的运行效率，以及利用可再生能源，在保证建筑物使用功能和室内热环境质量的前提下，降低建筑能源消耗，合理、有效地利用能源。全面的建筑节能是一项系统工程，必须由国家立法、政府主导，对建筑节能作出全面的、明确的政策规定，并由政府相关部门按照国家的节能政策，制定全面的建筑节能标准。要真正做到全面的建筑节能，还须由设计、施工、各级监督管理部门、开发商、运行管理部门、用户等各个环节，严格按照国家节能政策和节能标准的规定，全面贯彻执行各项节能措施，从而使每一位公民真正树立起全面的建筑节能观，将建筑节能真正落到实处。

6.2.1　建筑节能的重要性

世界范围内石油、煤炭、天然气三种传统能源日趋枯竭，人类将不得不转向清洁能源，如生物能、水能、地热、风能、太阳能和核能。我国能源发展主要存在四大问题：①人均能源拥有量、储备量低；②能源结构依然以煤为主，约占 64%，2024 年全国年耗煤量达到峰值，为 47.8 亿吨；③能源资源分布不均，主要表现在经济发达地区能源短缺和农村商业能源供应不足，造成北煤南运、西气东送、西油东送、西电东送；④能源利用效率低，能源终端利用效率仅为 33%，比发达国家低 10%。随着城市建设的高速发展，我国的建筑能耗逐年大幅度上升，已达全社会能源消耗量的 32%，加上每年房屋建筑材料生产能耗约 13%，建筑总能耗已达全国能源总消耗量的 45%。

6.2.2　我国建筑节能的现状

建筑能耗约占社会总能耗的 1/3，我国建筑能耗的总量逐年上升，在能源总消耗量中所占的比例已从 20 世纪 70 年代末的 10%，上升到 27%～45%。而国际上发达国家的建筑能耗一般占全国总能耗的 33% 左右。以此推断，国家建设部科技司研究表明，随着城市化进程的加快和人民生活质量的改善，我国建筑耗能比例最终还将上升。

高耗能建筑比例大，加剧能源危机。直到 2024 年末，我国已建房屋有 600 亿平方米以上，其中农村建筑约 240 亿平方米，城镇住宅约 260 亿平方米，公共建筑约 500 亿平方米，我国节能建筑面积约 150 亿平方米，约 80% 以上属于高耗能建筑，总量庞大，潜伏巨大能源危机。如果任由这种状况继续发展，到 2025 年，我国建筑耗能将达到 18 亿吨标准煤，空调夏季高峰负荷将相当于 10 个三峡电站满负荷能力，这将会是一个十分惊人的数量。如果不开始注重建筑节能设计，将直接加剧能源危机。2020 年 9 月 22 日，习近平总书记在第七十五届联合国大会一般性辩论上郑重提出，中国二氧化碳排放力争于 2030 年前达到峰值，努力争取 2060 年前实现碳中和。党的二十大报告提出，推动能源清洁低碳高效利用，推进工业、建筑、交通等领域清洁低碳转型。《绿色建筑评价标准》（GB/T 50378—2019）也于 2019 年 3 月 13 日正式发布，推动我国建筑节能改进。

6.2.3　实现建筑节能的技术途径

我国的采暖空调和照明用能量近期增长速度已明显高于能量生产的增长速度，因此，减少建筑的冷、热及照明能耗是降低建筑能耗总量的重要内容，一般可从以下几方面实现。

（1）建筑规划与设计

面对全球能源环境问题，不少全新的设计理念应运而生，如微排建筑、低能耗建筑、零能建筑和绿色建筑等，它们本质上都要求建筑师从整体综合设计概念出发，坚持与能源分析专家、环境专家、设备工程师和结构工程师紧密配合。在建筑规划和设计时，根据大范围的气候条件影响，针对建筑自身所处的具体环境气候特征，重视利用自然环境（如外界气流、雨水、湖泊和绿化、地形等）创造良好的建筑室内微气候，以尽量减少对建筑设备的依赖。

具体措施可归纳为以下三个方面：合理选择建筑的地址，采取合理的外部环境设计，如在建筑周围布置树木、植被、水面、假山、围墙；合理设计建筑形体，包括建筑整体体量和建筑朝向的确定，以改善既有的微气候。合理的建筑形体设计是充分利用建筑室外微环境来改善建筑室内微环境的关键部分，主要通过建筑各部件的结构构造设计和建筑内部空间的合理分隔设计得以实现（图6.1）。

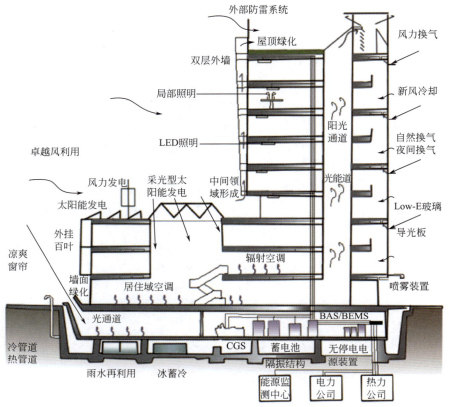

图6.1   综合建筑节能设计方案

（2）减少能源消耗，提高能源的使用效率

从节能的角度讲，应提高供暖（制冷）系统的效率，它包括设备本身的效率、管网传送的效率、用户端的计量以及室内环境控制装置的效率等。这些都要求相应的行业在设计、安装、运行质量、节能系统调节、设备材料以及经营管理模式等方面采用高新技术。如在供暖系统节能方面就有三种新技术：① 利用计算机、平衡阀及其专用智能仪表对管网流量进行合理分配，既改善了供暖质量，又节约了能源；② 在用户散热器上安设热量分配表和温度调节阀，用户可根据需要消耗和控制热能，以达到舒适和节能的双重效果；③ 采用新型的保温材料包敷送暖管道，以减少管道的热损失。

近年来低温地板辐射技术已被证明节能效果比较好，它是采用交联聚乙烯（PEX）管作为通水管，用特殊方式双向循环盘于地面层内，冬天向管内供低温热水（地热、太阳能或各种低温余热提供）；夏天输入冷水可降低地表温度（国内只用于供暖）；该技术与对流散热为主的散热器相比，具有室内温度分布均匀，舒适、节能、易计量、维护方便等优点。

（3）减少建筑围护结构的能量损失

建筑物围护结构的能量损失主要来自三部分：①外墙；②门窗；③屋顶。这三部分的节能技术是各国建筑界都非常关注的。主要发展方向是，开发高效、经济的保温、隔热材料和切实可行的构造技术，以提高围护结构的保温、隔热性能和密闭性能。

① 外墙节能技术。就墙体节能而言，传统的用重质单一材料增加墙体厚度来达到保温的作法已不能适应节能和环保的要求，因此复合墙体越来越成为墙体的主流。复合墙体一般用块体材料或钢筋混凝土作为承重结构，与保温隔热材料复合，或在框架结构中用薄壁材料加以保温、隔热材料作为墙体。建筑用保温、隔热材料主要有岩棉、矿渣棉、玻璃棉、聚苯乙烯泡沫、膨胀珍珠岩、膨胀蛭石、加气混凝土及胶粉聚苯颗粒浆料、发泡水泥保温板等。这些材料的生产、制作都需要采用特殊的工艺、特殊的设备，而不是传统技术所能及的。值得一提的是胶粉聚苯颗粒浆料，它是将胶粉料和聚苯颗粒轻集料加水搅拌成浆料，抹于墙体外表面，形成无空腔保温层。聚苯颗粒集料是采用回收的废聚苯板经粉碎制成，而胶粉料掺有大量的粉煤灰，这是一种废物利用、节能环保的材料。墙体的复合技术有内附保温层、外附保温层和夹心保温层三种。中国采用夹心保温作法的较多（图 6.2）；在欧洲各国，大多采用外附发泡聚苯板（图 6.3）的作法，在德国，外保温建筑占建筑总量的 80%，而其中 70% 均采用泡沫聚苯板。

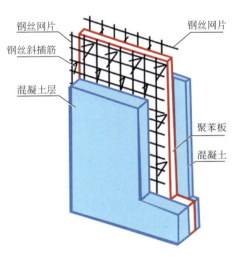

图 6.2　建筑夹心保温墙体　　　　　　图 6.3　采用外附发泡聚苯板的保温墙体

② 门窗节能技术。门窗具有采光、通风和围护的作用，还在建筑艺术处理上起着很重要的作用，然而门窗又是最容易造成能量损失的部位。为了增大采光通风面积或表现现代建筑的性格特征，建筑物的门窗面积越来越大，更有全玻璃的幕墙建筑。这就对外围护结构的节能提出了更高的要求。

对门窗的节能处理主要是改善材料的保温隔热性能和提高门窗的密闭性能。从门窗材料来看，近些年出现了铝合金断热型材、铝木复合型材、钢塑整体挤出型材、塑木复合型材以及 UPVC 塑料型材等一些技术含量较高的节能产品。其中使用较广的是 UPVC 塑料型材，也即我们常说的"塑钢门窗"，它所使用的原料是高分子材料——硬质聚氯乙烯。它不仅生产过程中能耗少、无污染，而且材料导热系数小，多腔体结构密封性好，因而保温隔热性能好。

为了解决大面积玻璃造成能量损失过大的问题，人们运用了高新技术，将普通玻璃加工成中空玻璃，镀贴膜玻璃（包括反射玻璃、吸热玻璃）、高强度 LOW2E 防火玻璃（高强度低辐射镀膜防火玻璃）、采用磁控真空溅射方法镀制含金属银层的玻璃以及智能玻璃等。智能玻璃能感知外界光的变化并做出反应，它有两类。一类是光致变色玻璃，在光照射时，玻璃会感光变暗，光线不易透过；停止光照射时，玻璃复明，光线可以透过。在太阳光强烈时，玻璃变暗可以阻隔太阳辐射热；天阴时，玻璃变亮，太阳光又能进入室内。另一类是电致变色玻璃，在两片玻璃上镀有导电膜及变色物质，通过调节电压，促使变色物质变色，调整射入的太阳光，这些玻璃都有很好的节能效果。建筑节能窗的构造见图6.4。

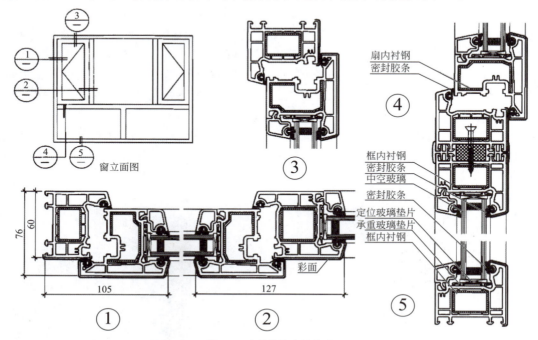

图6.4　建筑节能窗的构造

③ 屋顶节能技术。屋顶的保温、隔热是围护结构节能的重点之一。在寒冷的地区屋顶设保温层，可阻止室内热量散失；在炎热的地区屋顶设置隔热降温层可阻止太阳的辐射热传至室内；而在冬冷夏热地区，建筑节能则要冬、夏兼顾。保温常用的技术措施是在屋顶防水层下设置导热系数小的轻质材料用作保温，如膨胀珍珠岩、玻璃棉等（此为正铺法）；也可在屋面防水层以上设置聚苯乙烯泡沫（此为倒铺法）。屋顶隔热降温的方法有：架空通风、屋顶蓄水或定时喷水、屋顶绿化等（图6.1、图6.5）。以上做法都能不同程度地满足屋顶节能的要求，但最受推崇的是利用智能技术、生态技术来实现建筑节能的愿望，如太阳能集热屋顶和可控制的通风屋顶等。

图6.5　绿色建筑节能屋顶和外墙

图6.6　英国建筑研究院办公楼

④ 降低建筑设施运行的能耗。采暖、制冷和照明是建筑能耗的主要部分，降低这部分能耗将对节能起着重要的作用，在这方面一些成功的技术措施很有借鉴价值，如英国建筑研究院（图 6.6）的节能办公楼便是一例。办公楼在建筑围护方面采用了先进的节能控制系统，建筑内部采用通透式夹层，以便于自然通风；通过建筑物背面的格子窗进风，建筑物正面顶部墙上的格子窗排风，形成贯穿建筑物的自然通风（图 6.7）。办公楼使用的是高效能冷热锅炉和常规锅炉，两种锅炉由计算机系统控制交替使用。通过埋置于地板内的采暖和制冷管道系统调节室温。该建筑还采用了地板下输入冷水通过散热器制冷的技术，通过在车库下面的深井用水泵从地下抽取冷水进入散热器，再由建筑物旁的另一回水井回灌。为了减少人工照明，办公楼采用了全方位组合型采光、照明系统，由建筑管理系统控制；每一单元都有日光，使用者和管理者通过检测器对系统遥控；在 100 座的演讲大厅，设置有两种形式的照明系统，允许有 0%～100% 的亮度，采用节能管型荧光灯和白炽灯，使每个观众都能享有同样良好的视觉效果和适宜的温度。

⑤ 新能源的开发利用。在节约不可再生能源的同时，人类还在寻求开发利用新能源以适应人口增加和能源枯竭的现实，这是历史赋予现代人的使命，而新能源有效的开发利用必定要以高科技为依托。如开发利用太阳能、风能、潮汐能、水力、地热及其他可再生的自然界能源，必须借助于先进的技术手段，并且要不断地完善和提高，以更有效地利用这些能源。如人们在建筑上不仅能利用太阳能采暖，太阳能热水器还能将太阳能转化为电能，并且将光电产品与建筑构件合为一体，如光电屋面板、光电外墙板、光电遮阳板、光电窗间墙、光电天窗以及光电玻璃幕墙等，使耗能变成产能（图 6.8），具体介绍见 6.3 节。

图 6.7　英国建筑研究院办公楼外墙格子窗

图 6.8　建筑与可再生能源应用

6.3　可再生能源在土木建筑中的应用——建筑与太阳能一体化

太阳能是最为方便、最有前途、可再生的建筑能源。我国太阳能资源极为丰富，年太阳能辐照总量大于 $502×10^4 kJ/m^2$、年日照时数超过 2200h 的地区占国土面积的 2/3 以上，太阳能以其储量的 "无限性"、存在的普遍性、开发利用的清洁性以及逐渐显露出的经济性等优势，是人类理想的替代能源。太阳能唱主角的新能源时代初见端倪。

光伏，即太阳能光伏发电系统，如今已经呈现出多样化融合发展趋势。光伏的智能利用，将成为智慧电力、智能城市的一个重要指标。按照规划，"十三五"在全国范围重点发展以大型工业园区、经济开发区、公共设施、居民住宅等为主要依托的屋顶分布式光伏发电系统，充分利用具备条件的农业设施、闲置场地等扩大利用规模，逐步推广光伏建筑一体化工程，探索移动平台的光伏发电系统、移动光伏供电基站等新兴商业模式。

太阳能热利用也是太阳能利用的一种重要形式。国家已将太阳能热利用纳入了建筑节能范畴，为太阳能热水系统建筑一体化奠定了重要的政策基础。《"十四五"可再生能源产业发展规划》提到，2035 年，我国将基本实现社会主义现代化，碳排放达峰后稳中有降，在2030 年非化石能源消费占比达到 25% 左右和风电、太阳能发电总装机容量达到 12 亿千瓦以上的基础上，上述指标均进一步提高。可再生能源加速替代化石能源，新型电力系统取得实质性成效，可再生能源产业竞争力进一步巩固提升，基本建成清洁低碳、安全高效的能源体系。

拓展阅读

我国西部地区，特别是西北地区，地域辽阔，光照充足，光能资源丰富，年日照时数为 1700～3300h，自东南向西北增多。新疆、西藏和河西走廊年日照时数为2800～3450h，是我国日照最多的地区，充分利用这些地区地广人稀，可利用的土地较多的优势，建设大规模的光伏发电厂已经成为一种趋势。

6.3.1 建筑与太阳能一体化的实现途径

随着《中华人民共和国可再生能源法》的正式施行，太阳能与建筑一体化被推到了重要的战略高度。中国政府有关部门以及中国可再生能源协会等相关团体，也相继出台了一些措施，有力地推进了太阳能与建筑一体化进程，各级地方政府纷纷出台太阳能使用的相关鼓励政策，但是由于缺乏配套的产品而落实困难。面对越来越强烈的市场需求，太阳能和建筑相关方面的专家已经高度重视并开始互动，因此，尽快开发出与建筑可以很好结合的太阳能产品及其应用系统，加速太阳能产业与建筑的有机结合、太阳能与建筑一体化的新产品研究、开发和生产，是实现太阳能在建筑应用的最佳途径。

欧盟在太阳能与建筑一体化的研究及应用方面处于世界领先地位。主流产品是平板式太阳能热水系统，以分体式双循环承压运行为主。集热器的安装实现了太阳能与建筑的完美结合。由于欧美国家一般为坡屋顶建筑，集热器像天窗一样镶嵌于坡屋面、平铺于屋脊或壁挂于墙体，和建筑融为一体，增加了建筑美感；防水结构设计合理，屋顶承重小，储热水箱在地下室、阁楼或楼梯间隐藏放置，不占室内空间，避免了屋顶承重，保温水箱容积比较大，甚至很多家庭使用双水箱，相应的集热器安装面积也较大，从而满足大量的热水需求。热水不仅用来洗浴，还用来供暖和提供生活用水。平板集热器板芯采用真空溅射选择性吸收涂层，吸收率高，发射率低，耐久可靠，性能好；双循环系统以防冻液为介质，保证高寒地区冬季正常使用，辅助能源可用燃气炉、壁炉或电加热器，一般通过换热器间接加热，确保全天候热水供应（见图 6.9）。欧盟 15 国太阳能热水器集热面积正以每年 35%的速度递增（见图 6.10）。

图 6.9　建筑一体化的分体式
太阳能热水系统示意

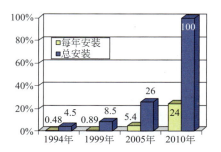

图 6.10　欧盟 1994—2010 年欧盟安装
有集热器建筑的比例

开展太阳能与建筑一体化的高效供暖和供热水技术、屋顶太阳能光伏发电和季节储能系统研究与应用，为建筑与太阳能一体化设计提供完整的设计标准、标准图集，使建筑与太阳能一体化设计与应用标准化和规范化，实现太阳能在建筑中的广泛使用，降低建筑能源消耗具有重大意义。

6.3.2　建筑与太阳能一体化的设计方法

太阳能集热与建筑一体化设计方案有以下几种。

（1）分户集热 - 分户水箱 - 强制循环系统

分户集热 - 分户水箱 - 强制循环系统方案特点是系统性能稳定，安全可靠；分户计量便于物业管理，可随住随用无计费纠纷；解决了屋面集热面积不够的难题，用户使用方便，管线较短，节约用水；保证用水的舒适度和卫生。

（2）分户集热 - 分户水箱 - 自然循环系统

分户集热 - 分户水箱 - 自然循环系统方案特点是集热与储热分离，易于实现系统与建筑立面结合安装；储热水箱壁挂式安装，不占阳台空间；每户一套独立系统，分户计量，可实现无线控制；集热循环管路就近布置，结构简洁；适用于小户型建筑。

（3）集中集热 - 分户计量 - 直接换热系统

集中集热 - 分户计量 - 直接换热系统方案特点是系统性能可靠，技术成熟；住户用水采用热水表计量收费，能源浪费较少；能充分利用太阳能，系统利用效率高；一次性投资较为经济，易于推广；可尽量与建筑设计效果统一，可以个性化地与建筑进行结合；可坡屋顶或平屋顶分体安装，与建筑物屋顶完美结合；家电化室内水箱设计，易于维护（图 6.11、图 6.12）。

（4）集中集热 - 直接换热系统

集中集热 - 直接换热系统方案特点是系统性能可靠，技术成熟；适用于宾馆等公共建筑，供应热水量大，能源浪费较少；能充分利用太阳能，系统利用效率高；一次性投资较为经济，易于推广；可做到与建筑设计效果统一，可以个性化地与建筑进行结合，坡屋顶或平屋顶分体安装，与建筑物屋顶完美结合；系统统一设计，可设计成分体或集中水箱，易于维护。济南奥体中心游泳馆、网球馆热水工程（图 6.13）即采用这种系统。

第
6
章

图 6.11　集中集热 - 分户计量 - 直接换热系统

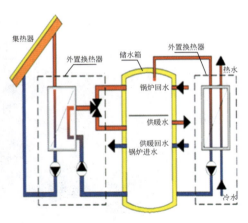

图 6.12　太阳能与建筑一体化系统布置图

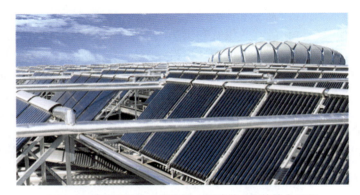

图6.13　济南奥体中心游泳馆、网球馆太阳能热水工程

6.3.3　建筑与太阳能光伏发电一体化

　　太阳能光伏发电与建筑一体化应用系统主要解决以下几方面的问题：①造型美观，适应建筑风格，与建筑完美结合；②可单户使用，也可集中供电，分散使用；③可实现自动控制，安装、操作、使用方便。

　　太阳能光伏发电与建筑一体化的基本风格是隐入式，把太阳能有机地融入建筑物，包容于传统的建筑美学之中，既得其功能又不破坏传统美学。

（1）光伏发电与屋顶相结合

　　建筑物屋顶吸收太阳光有其特有的优势，日照条件好，不易受遮挡，可以充分接受太阳辐射，系统可以紧贴屋顶结构安装，减少风力的不利影响，并且，太阳电池组件可替代保温隔热层遮挡屋面。此外，与屋面一体化的大面积太阳电池组件由于综合使用材料，不但节约了成本，单位面积上的太阳能转换设施的价格也可以大大降低，有效地利用了屋面，也不再局限于坡屋顶，利用光电材料将建筑屋面做成的弧形和球形可以吸收更多的太阳能。

　　与屋顶相结合的另外一种光伏系统是太阳能瓦。太阳能瓦是太阳能电池与屋顶瓦板结合形成一体化的产品，这一材料的创新之处在于使太阳能与建筑达到真正意义上的一体化，该系统直接铺在屋面上，不需要在屋顶上安装支架。太阳能瓦铺装时的构造方法都与平板式的大片屋面瓦一样，这种形式在欧洲的意大利、瑞士、德国非常常见（图 6.14），我国由于像欧洲一样的别墅较少，光伏发电与屋顶相结合的设计主要应用在公共建筑上，可以和机场、车站、工业厂房等有机结合（图 6.15）。

（2）光伏发电与幕墙相结合

对于多、高层建筑来说，外墙是与太阳光接触面积最大的外表面。为了合理利用墙面收集太阳能，可采用各种墙体构造和材料，包括与太阳电池组件一体化的玻璃幕墙、透明绝热材料以及附加于墙面的集热器等。

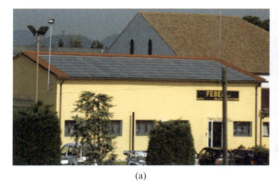
(a)

(b)

图 6.14　光伏发电与屋顶相结合

(a) 光伏发电与公共建筑装饰相结合

(b) 光伏发电与工业厂房屋面相结合

(c) 光伏发电与候机楼屋面相结合

(d) 光伏发电与剧场屋面相结合

图 6.15　公共建筑的光伏应用

此外，太阳能光电玻璃也可以作为建筑物的外围护构件，太阳能光电玻璃将光电技术融入玻璃，突破了传统玻璃幕墙单一的围护功能，把以前被当作有害因素而屏蔽在建筑物表面的太阳光，转化为能被人们利用的电能，同时这种复合材料不多占用建筑面积，而且其优美的外观具有特殊的装饰效果，赋予建筑物鲜明的现代科技特色（图6.16）。

(a)   (b)

图6.16   光伏发电与玻璃幕墙系统结合

（3）光伏发电与遮阳装置的一体化设计

将太阳能电池组件与遮阳装置构成多功能建筑构件，一物多用，既可有效地利用空间，又可以提供能源，在美学与功能两方面都达到了完美的统一。如图6.17所示，建筑遮阳板与光伏发电一体化，既起到遮阳的效果又能发电。

(a) 光伏发电与建筑遮阳板结合   (b) 光伏发电与开启式遮阳板结合   (c) 光伏发电与固定遮阳板结合

图6.17   光伏发电与建筑遮阳板结合

6.3.4   构筑物与太阳能光伏发电一体化

将太阳能电池组件与各种构筑物一体化设计，使太阳能电池组件作为构筑物的一部分，或利用特殊地理条件解决能源供给问题，一物多用，既可有效利用空间，又可以提供能源，在美学与功能两方面达到了统一。

（1）光伏发电与停车棚相结合

将太阳能电池组件与停车棚结合，实现白天遮阳发电，晚上照明的功能。太阳能电池组件装置构成停车棚的遮阳板，一物多用，既起到遮阳的效果又具有发电的功能，如意大利高速公路服务区就有大量的太阳能停车棚（图 6.18），我国某建筑旁边停车棚（图 6.19）。

图 6.18 光伏发电与停车场遮阳棚结合（意大利）　　图 6.19 光伏发电与停车场遮阳棚结合（中国）

（2）太阳光伏发电与汽车充电桩结合

新能源汽车的广泛使用为太阳能停车棚与汽车充电桩结合开辟了一条新路，室外停车场，特别是高速公路服务区停车场，可以设计成停车棚与太阳光伏发电一体化，并与新能源汽车充电桩结合，这样既充分利用停车场的较大空间，又可以起到遮阳的作用，另外还可以解决太阳能发出的电力就地消化的问题（图 6.20）。

图 6.20 太阳能光伏发电遮阳棚与充电桩结合

（3）太阳能光伏发电与候车厅相结合

将太阳能电池组件与候车厅结合，一物多用，既起到遮阳的效果又有发电的功能，如图 6.21 为德国某光伏发电候车厅，图 6.22 为我国某城市候车厅。

图 6.21 德国某光伏发电候车厅　　　　　图 6.22 我国某城市太阳能候车厅

（4）太阳能光伏发电与隧道口和边坡结合

我国西部山区公路隧道集中区远离城市，传统交流供电方式的成本高、维护难、检修难等问题十分突出。将太阳能电池组件与隧道口和工程边坡结合，可解决隧道能源传输和大量能源耗费的问题，还可以美化隧道进出口和边坡环境，有效利用空间，又可以提供能源，如图 6.23、图 6.24 为太阳能光伏与边坡一体化设计作法。

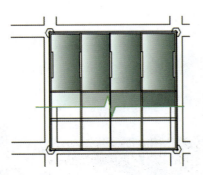

图 6.23   太阳能光伏与边坡一体化结构连接图

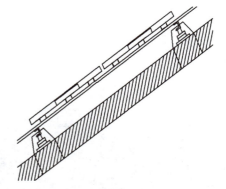

图 6.24   太阳能光伏与边坡一体化结构剖面图

6.3.5   光热、光伏发电一体化系统设计

太阳能中央热水系统是由集热器、保温水箱、控制系统、自动上水控制箱、循环泵、管路配件等组合而成的集热供水系统。该系统可以很好地与光伏发电一体化系统设计，如北京玻璃台新村太阳能路灯、采暖及热水系统就采用了光热、光伏发电一体化系统设计（图6.25）。

图 6.25   北京玻璃台新村太阳能路灯、采暖及热水工程全景

6.3.6   光热供暖与空气源热泵辅助采暖系统

太阳能热泵热水机是将空气能热泵和太阳能集热系统合二为一的一种装置。在有太阳辐射时，系统转化为太阳能热泵制热模式。在没有太阳能辐射时，系统转化为空气源热泵制热模式。空气源热泵一般1kW电能输入可以产出4～10倍热量的输出。

太阳能热泵采暖机具有以下八个优点。

① 高效节能：吸收阳光和空气中的免费热量而制热，能效比最高可达700%以上；

② 绿色环保：优先采用可再生的清洁能源，减少大气污染，减少雾霾；

③ 费用超低：运行费用相当于空气源的45%，电的15%，燃气的20%；

④ 稳定可靠：二核智能加热，优先太阳能，需要疾速加热时启动空气源；

⑤ 低温运行：专用的低温环保冷媒，可在 –50～42℃环境下运行，无防冻之忧；

⑥ 安装便捷：产品模块化设计，根据用水量任意组合，安装售后简单；

⑦ 静音运行：采用太阳能集热蒸发器，无风机运行噪声干扰，安静环保；

⑧ 智能运行：控制内置预约模式、节能模式、恒温模式，远程监控。

6.4   绿色土木工程施工——建筑工业化

6.4.1   什么是建筑工业化？

建筑工业化是随西方工业革命而出现的概念，工业革命让造船、汽车生产效率大幅提升，随着欧洲兴起的新建筑运动，实行工厂预制、现场机械装配，逐步形成了建筑工业化最初的理论雏形。1945 年后，西方国家在亟待解决大量住房而劳动力严重缺乏的情况下，为推行建筑工业化提供了实践的基础，因其工作效率高而在欧美风靡一时。1974 年，联合国出版的《政府逐步实现建筑工业化的政策和措施指引》中定义了"建筑工业化"：按照大工业生产方式改造建筑业，使之逐步从手工业生产转向社会化大生产的过程。

（1）建筑工业化定义

建筑工业化是指通过现代化的制造、运输、安装和科学管理的大工业生产方式，来代替传统建筑业中分散的、低水平的、低效率的手工业生产方式。它的主要标志是建筑设计标准化、构配件生产工厂化、施工机械化和组织管理科学化。

（2）建筑工业化主要内容

① 采用先进、适用的技术、工艺和装备科学合理地组织施工，发展施工专业化，提高机械化水平，减少繁重、复杂的手工劳动和湿作业。

② 发展建筑构配件、制品、设备生产并形成适度的规模经营，为建筑市场提供各类建筑使用的系列化的通用建筑构配件和制品。

③ 制定统一的建筑模数和重要的基础标准（模数协调、公差与配合、合理建筑参数、连接等），合理解决标准化和多样化的关系，建立和完善产品标准、工艺标准、企业管理标准、工法等，不断提高建筑标准化水平。

④ 采用现代管理方法和手段，优化资源配置，实行科学的组织和管理，培育和发展技术市场和信息管理系统，适应发展社会主义市场经济的需要。

（3）建筑工业化中的结构体系

建筑结构按施工方式分主要包含钢筋混凝土现浇结构体系和装配式结构体系，比较以上两种结构体系，现浇体系不容易实现建筑工业化，围绕现浇结构体系进行的改良只能是处于技术发展的量变阶段，只有装配式结构体系才能实现质变，才能实现全面的工业化大生产。

6.4.2　装配式建筑

（1）装配式建筑的定义

装配式建筑是指由预制构件通过可靠连接方式建造的建筑。装配式建筑有两个主要特征：第一个特征是构成建筑的主要构件特别是结构构件是预制的；第二个特征是预制构件的连接方式必须是可靠的。

（2）装配式建筑的分类

① 按结构材料分类。装配式建筑按结构材料分类，有装配式钢结构建筑、装配式钢筋混凝土建筑、装配式轻钢结构建筑和装配式复合材料建筑（钢结构、轻钢结构与混凝土结合的装配式建筑）。以上几种都是现代装配式建筑。

古典装配式建筑按结构材料分类，有装配式石材结构建筑和装配式木结构建筑。

② 按高度分类。装配式建筑按高度分类，有低层装配式建筑、多层装配式建筑、高层装配式建筑和超高层装配式建筑。

③ 按结构体系分类。装配式建筑按结构体系分类，有框架结构、框架 - 剪力墙结构、筒体结构、剪力墙结构、无梁板结构、预制钢筋混凝土柱单层厂房结构等。

④ 按预制率分类。装配式建筑按预制率分类，有高预制率（70% 以上）、普通预制率（30%～70%）、低预制率（20%～30%）和局部使用预制构件几种类型。

6.4.3 国内外装配式建筑发展现状

（1）国外装配式建筑发展现状

① 美国装配式建筑。美国在 20 世纪 70 年代能源危机期间开始实施配件化施工和机械化生产。美国城市发展部出台了一系列严格的行业标准规范，一直沿用至今，并与后来的美国建筑体系逐步融合。美国城市住宅结构基本上以工厂化、混凝土装配式和钢结构装配式为主，降低了建设成本，提高了工厂通用性，增加了施工的可操作性。

总部位于美国的预制与预应力混凝土协会（PCI）编制的《PCI 设计手册》中就包括了装配式结构相关的部分。该手册不仅在美国，在国际上也具有非常广泛的影响力。从 1971 年的第一版开始，《PCI 设计手册》已经编制到了第 7 版，该版手册与 IBC 2006[1]、ACI 318-05[2]、ASCE 7-05[3] 等标准协调。图 6.26 展示了美国艾恩德霍芬科技大学某装配式建筑从图纸设计、现场吊装到最终建成的过程。

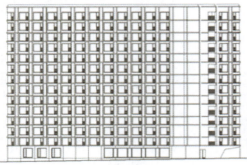

(a) 设计图   (b) 吊装过程

(c) 拼装过程   (d) 建成图

图 6.26　美国艾恩德霍芬科技大学某装配式建筑设计施工

② 欧洲装配式建筑。法国 1891 年就已实施了装配式混凝土的构建，迄今已有 130 年的历史。法国建筑以混凝土体系为主，钢、木结构体系为辅，多采用框架或者板柱体系。焊接连接等干法作业流行，结构构件与设备、装修工程分开，减少预埋，生产和施工质量高。主要采用预应力混凝土装配式框架结构体系。

德国的装配式住宅主要采取叠合板、混凝土、剪力墙结构体系，剪力墙板、梁、柱、楼板、内隔墙板、外挂板、阳台板等构件采用装配式构件，耐久性较好。众所周知，德国是世

---

❶ 国际统一建筑设计标准。
❷ 美国混凝土结构设计规范。
❸ 美国建筑荷载规范。

界上建筑能耗降低幅度最快的国家，近几年提出零能耗的被动式建筑。从大幅度的节能到被动式建筑，德国都采取了装配式建筑来实施，这就需要装配式住宅与节能标准相互之间充分融合。图 6.27 展示了德国某别墅从图纸设计、现场吊装到最终建成的过程。

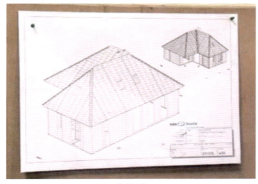

(a) 设计图

(b) 吊装过程

(c) 拼装过程

(d) 建成图

图 6.27　德国某别墅设计施工

瑞典和丹麦早在 20 世纪 50 年代开始就已有大量企业开发了混凝土板墙装配的部件。目前，新建住宅之中通用部件占到了 80%，既满足多样性的需求，又达到了 50% 以上的节能率，这种新建建筑比传统建筑的能耗有大幅度的下降。丹麦是一个将模数法应用在装配式住宅的国家，国际标准化组织 ISO 模数协调标准即以丹麦的标准为蓝本编制。故丹麦推行建筑工程化的途径实际上是以产品目录设计为标准的体系，使部件达到标准化，然后在此基础上，实现多元化的需求，达到多元化与标准化的和谐统一。

③ 日本装配式建筑。日本 1968 年提出装配式住宅的概念。在 1990 年的时候，开始采用部件化、工厂化生产方式，提高了生产效率，使住宅内部结构可变，可适应多样化的需求。而且日本从一开始就追求中高层住宅的配件化生产体系。这种生产体系能满足日本人口比较密集的住宅市场需求，更重要的是，日本通过立法来保证混凝土构件的质量，在装配式住宅方面制定了一系列的方针政策和标准，同时也形成了统一的模数标准，解决了标准化、大批量生产和多样化需求这三者之间的矛盾。图 6.28 展示了日本某 50 层装配式住宅施工现场。

日本的标准包括建筑标准法、建筑标准法实施令、国土交通省告示及通令、协会（学会）标准、企业标准等，涵盖了设计、施工等内容，其中由日本建筑学会（AIJ）制定了装配式结构相关技术标准和指南。1963 年成立日本预制建筑协会，为推进日本预制技术的发展做出了巨大贡献，该协会先后建立预制装配式混凝土工法焊接技术资格认证制度、预制装

(a) 构件运至现场

(b) 梁柱节点浇筑混凝土

(c) 安装预制梁

(d) 现场施工

图6.28　日本某50层装配式住宅设计施工

配住宅装潢设计师资格认证制度、预制装配式混凝土构件质量认证制度、预制装配式混凝土结构审查制度等，编写了《预制建筑技术集成》丛书，包括剪力墙预制混凝土（W-PC）、剪力墙式框架预制钢筋混凝土（WR-PC）及现浇同等型框架预制钢筋混凝土（R-PC）等。

④ 新加坡装配式建筑。新加坡开发出15层到30层的单元化的装配式住宅，占其国内总住宅数量的80%以上。通过平面的布局、部件尺寸和安装节点的重复性来实现标准化，以设计为核心，设计和施工过程相互配套融合，装配率达到70%。

（2）我国装配式建筑发展现状

① 我国装配式建筑新开工建筑面积增长迅猛。近年来装配式建筑呈现良好发展态势，在促进建筑产业转型升级，推动城乡建设领域绿色发展和高质量发展方面发挥了重要作用。我国装配式建筑新建面积由2017年的1.6亿平方米增长至2022年的12.35亿平方米，复合增长率为33.9%。从结构形式看，依然以装配式混凝土结构为主，在装配式混凝土住宅建筑中以剪力墙结构形式为主。

② 我国装配式模块化建筑市场结构类型丰富。随着装配式钢结构行业的整体发展、国家政策引领装配式建筑提升装配率，模块化建筑行业在境内市场的规模逐渐扩大。2022年我国装配式模块化建筑市场规模为1103亿元，其中混凝土结构占比为13.10%，集装箱结构占比43.50%，钢结构及其他占比43.40%。未来，随着我国政策加码装配式建筑行业，境内模块化建筑市场也将面临更大的市场发展空间。

③ 我国装配式钢结构建筑市场规模增长较快。根据住建部、中国钢结构协会数据统计，2021年我国装配式钢结构建筑市场规模约为5703亿元，在当今我国日益重视绿色建筑的政策背景下，我国装配式钢结构建筑行业发展迅速，预计到2025年我国装配式钢结构建筑市场规模将发展至7533亿元，2020至2025年期间年复合增长率约为12.70%。

④ 我国装配式钢结构建筑渗透率逐渐增长。在装配式钢结构建筑渗透率方面，根据住房和城乡建设部统计数据，2019—2021 年我国装配式钢结构建筑的渗透率由 4.1% 增长至 6.9%，预计到 2035 年将上升至 40.0%，年复合增长率约为 15.30%。我国装配式钢结构建筑的市场渗透率越来越高。

⑤ 我国桥梁钢结构稳步增长。桥梁钢结构行业隶属于装配式建筑的装配式钢结构范畴，以钢结构构件工厂预制化生产、现场装配式安装连接为主要模式，具有高效、可工厂化、绿色环保的特性。2021 年我国桥梁钢结构产量为 918 万吨，较 2020 年的 866 万吨增长 6%，预计在 2025 年我国桥梁钢结构产量将达到 1159 万吨，较 2021 年复合增长率将达到 6%。

⑥ 我国装配式木结构行业市场规模快速增长。木结构装配式建筑有预生产、搭建快、健康环保等优点，还承载着传统文化内涵，是绿色建筑的"顶配版"。装配式木结构采用工厂化生产、工地现场装配施工，有效提升了建筑施工效率，施工周期仅为同等规模混凝土结构的一半。近几年，国内装配式木结构行业市场规模快速增长，从 2015 年的 3.93 亿元增长到了 2022 年的 149.54 亿元，年复合增长率为 68.18%。

（3）装配式建筑行业发展趋势

① 高强度、高性能钢结构材料的应用。经过冶金行业长期研究开发，高性能结构钢材的生产技术已趋于成熟，产品性能日趋稳定。高性能钢材应用技术亟待研究，以充分发挥其高强、抗震、环保等优势，进一步提升钢结构体系的耐腐蚀性、耐火性和高温稳定性。

② 工程设计水平逐渐提升。得益于钢结构设计软件发展迅速，钢结构设计软件功能日益丰富。行业中常用的设计、深化设计软件包括 PKPM、3D3S、MIDAS、TEKLA 等，能够满足钢结构行业下游多样化需求，帮助钢结构企业实现多种钢结构的分析设计、详图深化、施工绘图等工作。因此，在行业不断颁布规范性文件以及钢结构设计软件功能日益强大的背景下，我国装配式钢结构工程设计水平正逐渐提升。

③ 加工制造技术水平不断进步。在我国 5G 网络、工业互联网、自动化设备水平不断提升的背景下，我国钢结构行业的加工制造技术水平不断进步。在钢结构制造方面，我国钢结构行业自动化、数字化制造愈发普及，在制造过程中大量应用到电脑排版、放样、自动切割、钻孔、检测等数字化技术，有利于提高钢结构产成品的制作精度。

（4）我国装配式建筑相关政策

相关政策扫二维码查看。

6.4.4　装配式建筑构件的制作及施工

装配式建筑较之现浇混凝土建筑在建设的各个方面都有着较大的优势，尤其在构件制作及施工阶段优势更为明显，现对装配式构件制作及安装的优势及过程进行介绍。

（1）装配式建筑的优势

① 提升建筑质量：装配式建筑与传统建筑相比，要求设计精细化、协同化；可大幅提高建筑精度；可提高混凝土浇筑、振捣和养护环节的质量；工厂作业环境比工地现场更适合做全面质量检查和控制，以上要求有力地提高了建筑质量。

② 提高效率：装配式建筑构件制作的机械化、自动化和智能化、工厂化，使构件生产不受气象条件约束，有效平衡劳动力资源等特点，提高了建设效率。

③ 节约材料：结合装配式建筑的建设过程相关数据统计，装配式建筑可节约模具材料达 50% 以上，可有效减少混凝土消耗，可减少脚手架材料的消耗达 70%，节约原材料可达到 20%。

第 6 章

④ 节能减排环保：结合装配式建筑的建设过程相关数据统计，节约原材料最多可达到 20%，降低能源消耗，减少碳排放量；减少工地建筑垃圾，最多可减少 80%；节约用水20%～50%；还可有效减轻施工噪声污染，减少扬尘。

⑤ 其他：装配式建筑还可以节省劳动力并改善劳动条件，可缩短工期，有利于施工安全。

（2）装配式建筑构件的制作及施工

① 构件的制作。装配式建筑的构件一般在工厂制作。如果建筑工地离工厂距离太远或者通往工地的道路无法通行运送构件的大型车辆，也可在工地制作。图 6.29 展示了一些构件生产工厂。

以装配式建筑板为例，生产工序一般为：钢模制作（图 6.30）→钢筋绑扎（图 6.31）→混凝土浇筑（图 6.32）→脱模成品（图 6.33）。

(a) 构件生产线　　　　　　　　　　(b) 构件包装线

图 6.29　构件生产工厂

图 6.30　钢模制作　　　　　　　　　图 6.31　钢筋绑扎

图 6.32　混凝土浇筑　　　　　　　　图 6.33　脱模成品

预制构件自动化流水线，如图 6.34 所示。

② 构件的施工。装配式建筑构件制作完成后，在正式施工前还需考虑吊运、堆放及运输等问题，运送到施工现场后，还需考虑吊装问题，具体的内容如下。

如图 6.35 为预制构件的堆放，图 6.36 为预制构件的运输，图 6.37 为装配式柱吊装，图 6.38 为装配式板吊装，图 6.39 为装配式梁吊装，图 6.40 为装配式楼梯。

图6.34　预制构件自动化流水线

图6.35　预制构件的堆放

(a)　　　　　　　　　　　　　　　　　(b)

图6.36　预制构件的运输

(a)　　　　　　　　　　　　　　(b)

图6.37　装配式柱吊装

(a)　　　　　　　　　　　　　　(b)

图6.38　装配式板吊装

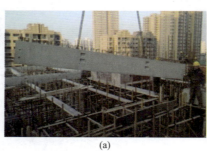
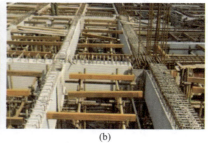

(a)　　　　　　　　　　　　　　(b)

图6.39　装配式梁吊装

图6.40　装配式楼梯

思考题

在线习题

1. 简述绿色土木工程对室内外环境的要求。

2. 什么叫绿色建筑?

3. 如何在保证环境舒适性要求的前提下做到建筑节能?

4. 建筑与太阳能一体化的途径有哪些?

5. 绿色建筑的实现途径有哪些?

6. 为什么装配式建筑是绿色建造?

土木

工程

导论

第 7 章
土木工程智能建造和 BIM 技术

○○ —— ○○ ○ ○○ ——

目前，土木工程还属劳动密集型产业。土木工程未来必须进行现代技术改造，必须走智能化的道路，以减少劳动力和资源浪费。未来的土木工程在使用 BIM 技术进行勘察、设计、施工和运营过程优化和数据管理的同时，要尽可能地实现机械化、自动化和智能化，使土木工程与现代技术同步发展。

在线视频
在线习题
读者交流

 讨论

为什么说土木工程必须走智能建造的道路？

土木工程管理中如何应用BIM技术？

随着经济和土木工程的快速发展，土木工程建造和运营管理已经成为一项信息量大、系统性强、综合性要求高的工作，涉及项目的使用功能、技术路线、经济指标、艺术形式等，而且涵盖数量庞大的自然科学和社会科学问题，迫切需要采用一种能容纳大量信息的系统性方法和技术去进行运作。

土木工程智能建造就是采用一种能容纳大量信息的系统性方法和技术去实现智能化建造与管理的过程，是以新一代信息技术与工业化建造技术深度融合为核心，通过数字化、智能化手段实现工程全生命周期的工业化、数字化、绿色化建造的新型模式。

7.1　土木工程的智能建造

土木工程智能建造以"提品质、降成本"为目标，因地制宜集成应用数字勘察、数字设计、智能生产、智能施工、智慧运维等各阶段的关键技术产品，实现高效益、高质量、低消耗、低排放的建造过程，提升建筑业工业化、数字化、绿色化水平。将建筑信息模型（building information modeling，building information model，BIM）、数字孪生、物联网（internet of things，IoT）、大数据及人工智能（artificial intelligence，AI）等数字技术融入建筑业，推动工程建设主要流程与工艺的数字化改造，实现关键要素资源的数字化表达，构建协调统一的数据体系，从而全面提升工程建设数字化水平。

7.1.1　数字勘察

利用勘察数据创建岩土工程信息模型，用于场地环境仿真分析、地质条件分析、岩土工程设计及优化等，为项目选址以及设计和施工提供参考依据。

利用岩土工程信息模型进行可视化表达应用，包括模型浏览、属性查询、虚拟钻孔、虚拟剖面、栅栏图分析、模型剖切、基坑开挖、隧道开挖和漫游等功能。

利用岩土工程信息模型进行分析评价应用，包括地质灾害稳定性分析、地下空间适应性评价、场地岩土工程条件评价、施工方案可行性评价、地基基础方案分析、岩土工程设计施工方案优化分析等。

7.1.2　数字设计

（1）BIM 应用

推进 BIM 贯穿土木工程全生命期应用，实现土木工程项目各参与方的协同工作和信息共享。

在规划与方案设计阶段，采用 BIM 技术对场地环境、物理环境、出入口、人车流动、建筑性能等方面进行模拟分析，从适用、经济、绿色、美观四个方面对设计方案进行论证和优化。

在方案沟通汇报阶段，采用 BIM 技术对设计方案进行虚拟仿真漫游，通过漫游路线制作建筑物内外部虚拟动画，便于设计方案决策人员直观感受建筑物三维空间，辅助设计评审、优化设计方案。

在初步设计阶段，采用 BIM 技术开展技术方案可行性研究，通过结构安全分析、建筑性能分析、机电管线分析等工作，论证技术方案的适用性、可靠性和经济合理性。

在施工图设计阶段，将各专业设计规范和技术要求嵌入 BIM 模型，开展碰撞检查、图纸校核等工作，及时发现设计错误，解决空间关系冲突，提高施工图设计质量。

在深化设计阶段，采用 BIM 技术对钢结构节点、混凝土构件节点、预制构件连接及安装、机电管线、装饰装修等方面进行专项深化设计，将施工操作规范与施工工艺融入深化设计模型，满足施工作业需求。

采用 BIM 技术对预制构件进行自动优化、配模、编号、出图，并生成生产加工清单，为构件生产和现场装配提供支撑。

采用 BIM 技术进行机电工程深化设计，通过专项设计软件，绘制配合机电工程预埋预留图、管线综合排布图、管线断面图、机房设备管线布置图等三维施工图和装配式单元预制加工图，解决设备管线排布、管线综合交叉碰撞、系统适配等问题。

采用 BIM 技术进行装饰装修设计，通过专项设计软件，绘制室内平面布局方案、效果图、施工图、物料清单，并进行实时三维渲染，优化设计方案。

（2）协同设计

建立涵盖设计、生产、施工等不同阶段的协同设计机制，实现工程建设项目各参与方的前置参与，统筹管理项目方案设计、初步设计、施工图设计和深化设计。

对建筑、结构、给排水、暖通空调、电气设备、消防、幕墙、装饰装修等多专业进行协同设计，避免专业内部及专业之间由于沟通不畅导致的"错、漏、碰、缺"等问题。

各参与方之间采用标准化的文件储存交换格式进行数据交互，保障交互过程中的可用性、完整性和互操作性，实现数据模型在土木工程全生命期的高效应用。

采用智能协同设计平台，明确参与数字设计的人员分工、操作权限和管理制度，保障工程建设项目各参与方的数据共享、互联互通，并对协同设计资源进行全过程管理，实现全过程、全专业协同设计。

（3）智能辅助设计

采用 AI 大模型辅助生成用于规划设计和开发建设决策的概念规划方案，实现多方案直观对比、实时校核修改、联动指标数据核算、项目协同交互等功能，提高设计质量。

采用参数化设计、生成式设计等智能设计方法，辅助创作、优化设计方案和绘制施工图设计文件，生成生产制造信息。

第7章

利用智能审查软件辅助审查设计质量，对设计文件进行在线智能审查、在线批注和快速定位，出具审查报告。

7.1.3　智能生产

智能生产过程以预制混凝土构件智能生产线、钢构件智能生产线、装饰装修板材智能生产线、机电支吊架、机电装配式单元为例进行介绍。

（1）预制混凝土构件智能生产线

采用划线涂油机器人，基于设计数据，以模台为单位驱动划线涂油数控装备，实现构件轮廓自动划线、模台自动涂油。

采用拆、布模机器人，基于设计数据，驱动拆、布模机器人完成边模的抓取、投放和入库。

采用钢筋网片自动生产设备，基于钢筋物料清单数据，驱动钢筋网片和桁架按计划自动生产、存储、抓取和投放。

采用混凝土智能调度系统，根据中央控制系统下发的混凝土配合比、构件生产方量以及按生产节拍计算混凝土所需的到位时间，自动规划混凝土生产时间轴，驱动搅拌站控制系统按配比备料，驱动输送装备按时接料并准时到位卸料。

采用智能布料机，根据中央控制系统下发的构件轮廓、厚度、方量信息，规划最优路径，采用构件位置、布料重量、速度、加速度的多重闭环自适应控制技术，实现不同坍落度混凝土的自动均匀布料，并自动规避钢筋、洞口、辅件，精准补齐角隙。

采用智能质检设备，通过高精度三维激光扫描、特征识别及点云快速计算技术，实现隐蔽验收工序的自动化质量检测，并与数据模型比对，自动生成质检结果。

（2）钢构件智能生产线

采用板材加工中心和激光下料中心、全自动直条切割机等设备，实现自动定位校准、自动排距、自动切断，高效完成零件和主材下料。

采用智能坡口机器人、条板坡口成型机和平面钻等设备，通过离线编程和三维激光扫描技术，自动完成各类坡口开设。

采用三维激光扫描技术，实现对零件的识别、检测、分类，并通过"5G+超宽带"定位技术，完成零件指定工位智能配送。

建立总装焊接一体化工作站，配备自动上下料的顶升装置、翻转变位机等设备，实现钢结构装配焊接工序生产的无人化，自动识别零件、自动校准装配位置、自动完成装配和焊接工作。

采用钢筋自动加工设备和数字化系统，智能优化钢筋下料与套裁、钢筋成型与成品加工、质量检验与打包配送等工艺流程，实现对钢筋制品下单、加工、配送等环节的数字化管控，降低材料损耗。

（3）装饰装修板材智能生产线

采用数字化生产管理系统驱动龙门机械手、动力滚筒、翻板机、智能平移机、有轨制导车辆等装备，实现部品部件按照生产节拍自动运输至下一道工序。

采用板材包覆系统，实现板材的精确定位和自动化涂胶、覆膜及切割，提高包覆效率。

集成上下料机械手、红外流平机、高精度打印机、干燥机等技术，实现板材自动上下料、数码喷墨印花、涂料辊涂等智能涂装工作。

（4）机电支吊架、机电装配式单元

采用数字化集中上料、切割、对口、连接焊接和存储智能化系统，实现机电装配式单元从原材料到半成品、成品的智能化生产。

7.1.4　智能施工

（1）数据驱动的智能施工管理

① 智能施工过程管理。在设计阶段数据模型和生产阶段数据模型的基础上深化生成施工数据模型，驱动施工相关作业和管理。

采用 BIM 技术进行施工组织方案模拟分析和优化，包括施工总平面布置规划、施工工序模拟和优化、施工进度模拟和资源配置优化、专项施工方案比选等，实现施工现场的合理布局以及施工工序的顺畅衔接。

综合运用数据模型、三维扫描、图像识别、雷达成像等技术对复杂结构进行施工精度模拟和虚拟预拼装，与数据模型进行拟合匹配，获得目标控制值，指导施工。

② 智能施工人员管理。通过数字化管理平台进行劳务人员电子派工，自动校验记工单数据和实名制考勤数据，自动生成工资单，经工人、项目、企业三方线上确认后，进行线上发薪，确保按月足额发薪到卡到人。

集成应用考勤闸机、电子围栏、高清人脸识别摄像等技术，通过智能门禁自动校验工地进场人员的入场权限，并关联人员作业记录，多维度验证进场人员的在场信息，确保劳务人员实名制管理数据真实可靠。

采用定位技术，将芯片植入现场人员工作牌、施工安全背心、安全帽等可穿戴设备中，实现现场人员的位置共享、轨迹记录等功能，提高现场人员的可控性。

采用视频监控、计算机视觉、图像处理等技术，对现场人员的安全行为进行检测巡查，对未佩戴安全帽、违章危险作业等行为进行提醒与警报，加强施工现场安全管理。

③ 智能施工机械、材料、造价管理。采用物联网、大数据、AI 等技术，实时监测施工机械设备的位置信息和运行状态（油耗、塔吊倾角、风速、载重等），加强数据云端存储、分析和风险预警，实现施工机械设备的智能化管理。

采用 BIM 等数字技术开展造价管理，辅助模拟分析施工现场材料使用量，并结合施工过程实际工程量，实现工程量、材料量、用工量等成本数据的精准管理。

在数据模型中添加物资材料报表、进度表、变更内容等数据，自动输出已完工程消耗的物资材料数据清单以及未来所需的物资材料数据清单，实现物资材料与施工进度的协同管理。

采用物联网技术，通过扫描二维码识别进场材料，进行进场材料的自动清点，实现物资材料扫码入库、出库和盘点全过程管理。

采用智能地磅系统，自动记录混凝土等大宗物料进出场的数量和时间并打印计量凭证，以此为依据对大宗物料按实际用量结算，减少因损耗和管理不善等原因造成的物料损失和浪费。

④智能环境管理。安装环境智能监测装置，对施工现场的烟雾、噪声、扬尘等参数进行监测，自动报警，启动相关联动措施。安装喷淋自控装置，对采集的环境数据进行实时监

测分析，智能控制喷淋装置启停，降低施工现场扬尘污染。安装水位智能监测装置，对深基坑水位、上下游水位进行监测分析，实现自动报警。安装智能照明系统，实现现场作业区域定时、定点、定量照明，降低能源损耗，控制项目成本。安装智能电表，对剩余电流、过电流、电压、温度等数据进行监测分析。在人群密集区安装有害气体监测仪表，对有毒有害气体进行监测，实现自动报警。

（2）地基基础智能施工

采用倾斜摄影、激光测量、三维激光扫描等测绘技术，结合无人机等设备辅助进行地基与基础工程测量、施工放样、高程点自动提取、开挖回填量自动计算。

采用智能建造装备及建筑机器人进行辅助施工作业，包括测量放线、桩基施工、土方开挖、钢筋加工等，提升施工质量、效率、安全性。

采用智能监测设备对基坑和边坡的自适应力、变形控制力、混凝土温度、地下水位等进行监测，并进行监测数据的实时分析、异常诊断和风险预警。

（3）主体结构智能施工

采用智能建造装备及建筑机器人辅助施工作业，包括测量放样、构件吊装、钢筋绑扎、混凝土布料、混凝土收面、自动灌浆、钢结构施工、砌体结构施工、木结构施工、木模板加工及安装等环节，提升施工质量、效率、安全性。

采用智能顶升集成建造平台，集成智能塔吊、智能施工电梯、智能运输车、悬挂式布料机、水平运输设备、隔声降噪装置、物联感知与通信设备、建筑机器人、设备控制与监测平台等施工装备，进行主体结构施工，实现钢筋绑扎、模架顶升、模板安装、混凝土浇筑和养护以及其他辅助工序协同作业。

采用实测实量机器人、智能回弹仪等智能检测工具对主体结构工程进行质量检测，实现自动化数据收集、分析、预警、流转、归档。

采用智能安全监测设备对高支模、脚手架、卸料平台、大体积混凝土、塔式起重机、施工升降机、混凝土泵送设备、混凝土布料机、振捣设备等进行监测，实时采集其运行数据，实现与其他系统的信息互通共享、工作协同、智能决策分析、风险预控。

采用智能安全绳等自动感应装备及系统，保障高空作业人员安全。

采用便捷化、自动化、智能化的混凝土浇筑装备系统，有效提升混凝土浇筑工效与质量。

采用机械化、自动化、智能化的安装装备及管理系统，实现预制构件的快速就位和精准安装。

采用智能化灌浆装备及管理平台，对预制构件的灌浆套筒进行连接，实现灌浆质量的自动检测。

对钢结构施工，综合利用三维激光扫描、图像处理等技术和数据模型，对钢结构构件进行预安装分析，提升钢结构现场安装精度。

对钢结构施工，采用三维激光扫描、图像处理等技术，对钢结构施工过程的形变进行监测和控制，保障施工质量。

对砌体结构施工，采用BIM技术获取砌块、圈梁、构造柱、导墙、顶砖、门窗洞口及过梁等二次结构的空间位置信息，并进行排布检查和优化，减少返工，缩短工期。采用移动式智能化砌筑装备辅助施工作业，提升砌体结构施工工效。

对木结构施工，采用智能扭矩扳手等智能化工具，精确控制木结构施工的扭矩、角度、转速等，保证工程质量。

对木模板加工和安装，采用 BIM 技术对木模板进行深化设计、排版，基于深化成果使用智能设备自动加工，提升木模板加工和安装效率，保障混凝土施工质量。

（4）维护结构智能施工

采用 BIM 等数字技术进行深化设计、碰撞检查、排版、材料下料、施工模拟等工作，提高施工质量和效率。

采用智能建造装备及建筑机器人辅助施工作业，包括测量放线、材料搬运、砌筑、抹灰、铺砖、喷涂、构件运输及安装、高空作业、外墙施工等工序环节。

采用实测实量机器人等智能检测工具对围护结构工程实体质量进行检测，实现自动化数据收集、分析及安全风险预警。

（5）机电工程智能施工

采用 BIM 等数字技术进行机电工程施工图深化，包括综合管线深化、碰撞检查、预留预埋、装配式支吊架选型、力学计算验算、施工模拟等工作，保障设备管线系统安全可靠、经久耐用。

采用机电装配式技术，在设备机房建造、标准层机电安装和竖井管组安装等因地制宜应用装配式、模块化建造技术，提高施工效率，提升工程质量。

采用智能建造装备及建筑机器人辅助施工作业，包括管线焊接、设备就位安装、管组吊装、模块化单元安装、管线涂装标识、定位打孔、支架安装等，提升安装效率。

采用光谱彩色照度检测、风量风压风速检测等智能检测设备对机电工程实体质量进行检测，实现自动化数据收集、分析及预警。

采用风管巡检清扫机器人、管道在线监测等技术，实现机电工程施工的智能巡检和监测管理。

（6）装饰装修工程智能施工

采用 BIM、AI 等技术进行方案深化、碰撞检查、装修排版、施工模拟、材料下料等工作。

基于 BIM 深化设计模型数据，驱动装饰装修工程相关材料的工业化、模块化生产和加工。

采用装配式装修部品集成技术，主要包括集成卫浴系统、集成厨房系统、架空楼面系统、隔墙和墙面系统、集成吊顶系统、设备和管线系统等。

采用建筑机器人辅助施工作业，包括测量放样、抹灰、铺贴、地坪打磨、地坪喷漆、腻子涂覆、乳胶漆喷涂等。

采用智能检测工具，对装饰装修工程实体质量进行检测，实现自动化数据收集、分析及预警。

采用 BIM、VR、AR 等技术，实现项目验收装修效果的三维可视化展示。

（7）智能建造装备及机器人应用

统筹智能建造装备及建筑机器人在施工全过程中的应用，综合考虑各类智能建造装备及建筑机器人的技术适用性、成本投入、效益产出等因素，明确应用需求及进场计划。

采用 BIM 模型作为智能建造装备及建筑机器人协同作业、路径规划、导航及调度的基础，提升自动化水平。

采用无人机进行航拍，对场地平整、基坑开挖及填筑土方量进行自动化测量计算，定期生成不同时间段施工现场三维实景模型，直观展示施工现场进度。

采用智能桩工设备进行软土地基的桩基施工，实现自动定位及施工路径规划，优化施工工序及桩位定位排布。

采用随动式混凝土布料机，通过算法自动控制布料机大小臂运动，辅助施工人员操作布料机作业。

采用条板安装机器人进行大尺寸条板安装，实现条板抓取、举升、转动、行走、对位、挤浆等全过程自动化安装作业。

采用手持式智能钢筋捆扎机，辅助人工进行钢筋捆扎作业。

采用管线焊接机器人对规格较大管线进行焊接施工，实现管道对口焊接的自动化、智能化。

采用5G、激光雷达、视觉相机、北斗定位、接触式传感器等感知技术，进行塔式起重机智能管控，实现场景感知、自动建模、路径规划、远程驾驶、智能避险和紧急制动。

采用智能施工升降机，进行施工人员和物料垂直运输，并加强运行安全监测，实现超载超重识别、笼顶防撞、层门防夹、双笼联动和故障诊断提醒。

采用搬运机器人进行物料自动化运输作业，通过与智能升降机的数据联网，进行自动导航、栈板叉取、障碍物识别，实现垂直运输和水平运输的高效联动。

组合使用整平机器人、抹平机器人及抹光机器人，进行大面积地面混凝土浇筑施工，通过智能激光找平算法、智能摆臂算法等技术，实现全自动作业和高精度施工。

利用地坪研磨、地坪漆涂敷和地库车位划线机器人，进行大面积环氧地坪漆施工，实现路径自动规划和导航、混合出料、精准布料、自主避障、自动收放线和自动吸尘。

采用墙面处理机器人进行大面积的室内墙面施工，实现墙面基层打磨、抹刮腻子和漆面喷涂的自动化作业。

采用喷涂机器人进行建筑外立面墙漆喷涂施工，实现作业路径自动规划以及底漆、中涂、面漆、罩光漆自动喷涂。

采用防水卷材施工机器人进行相对规整的大面积屋面和地下工程防水卷材施工，实现集控制、行走、轨迹校正、卷材及地面加热、压实摊铺于一体的自动化摊铺。

根据智能建造装备使用需要，设置库房、充电站、清洗站、运输中转站、行走通道、指定堆放区等配套设施。

7.1.5　智慧运维

（1）智慧运维平台

基于竣工验收数据模型，结合运维相关信息，得到运维数据模型，用于建设智慧运维平台。

基于数字孪生技术，结合城市信息模型（CIM）基础平台，综合利用物联网、智能感知、大数据、AI等技术，通过链接建筑内广泛分布的智能物联网设备，实现现场人员、设备、环境等数据的实时采集、汇聚、分析，提供室内人流分布监测、设备故障预警与诊断、能耗异常报警等功能。

基于BIM模型，将建筑消防系统、安防系统、建筑设备管理系统、楼宇自控系统、视频监控系统、智慧停车系统等智能化系统进行集成，加强对建筑运维阶段的全过程管控。

综合利用三维图形引擎等技术，实现系统和设备的可视化效果展示等基本功能，支持用户、工程师、运维管理人员等通过终端进行远程访问和查看。

（2）建筑结构健康监测

根据建筑物功能定位、结构特征、抗震防灾要求、周边环境特点、监测要求等，明确监测目的和内容，编制建筑结构健康监测方案。

监测内容包括应变、变形与裂缝、振动、地震响应、索力和腐蚀等，监测参数应分为静态参数与动态参数，并满足对结构状态进行监控、预警及评价的要求。

采用现场的、无损的、实时的方式采集建筑结构信息，分析结构反应的各种特征，获取结构因环境因素、损伤或退化而造成的状态改变。

对建筑结构应变，采用电阻应变计、振弦式应变计、光纤类应变计等监测元件进行监测。

对建筑结构变形，根据建筑结构构件的变形特征确定监测项目和监测方法，建立基准网，采用北斗卫星导航、大数据、计算机视觉、三维激光扫描等技术对建筑结构变形进行监测。

对建筑结构表观裂缝，采用无人机、计算机视觉、三维激光扫描等技术进行监测，记录并持续监测裂缝的宽度变化。

对建筑结构振动响应，采用振动传感器，获取建筑结构振动信号，并通过专业软件进行分析和处理，用于评估建筑物的结构安全性。

采用大数据、AI 等技术开展建筑物结构安全灾害预警和灾后健康度的快速评估。

搭建建筑结构健康监测系统，对建筑结构健康监测仪器设备进行运行维护与管理，确保监测记录真实、完整，出现异常数据时，进行现场核对或复测。

（3）建筑功能运行维护

集成建筑内设备（照明、供配电、空调、地源热泵机组、水表等）几何信息、固有信息和运行信息，实现设备的信息查看、维修保养、故障告警及处理等。

采用智慧电力监控系统、智慧水表等监测系统与设备，对建筑物能耗进行实时监测，实现特定区域、周期、楼层和房间的能耗数据分析，并对能耗异常情况进行实时告警，及时进行远程调控和管理。

（4）安全风险应急管理

建立建筑公共安全系统，包括火灾自动报警系统、安全技术防范系统［入侵报警系统、视频安防监控系统、出入口控制系统、电子巡查系统、访客对讲系统、停车库（场）管理系统］和应急响应系统。

综合利用楼宇自控、消防、安防、能源、梯控、停车、照明、门禁等众多系统及设备，实时监测系统及设备状态并实现异常状态的自动报警。

采用物联网、大数据、云计算等数字技术，结合火灾自动报警设备、电气火灾监控设备、烟感探测器等设备，实时动态采集消防信息，实现火灾的智能告警与管理。

采用智慧配电监控系统，通过网络连接智能配电箱和电气设备，实现建筑室内用电的智能监测、分析、用电风险识别与控制。

7.2　土木工程智能建造中的 BIM 技术

BIM 是土木工程信息化建设的一个新阶段，它提供了一种全新的生产方式，运用数字化的方式来表达项目的物理特征和功能特征，对项目中不同阶段的信息实现集成和共享，为项目各参与方提供协同工作的平台，使生产效率得以提升、项目质量有效控制、项目成本大大降低、工程周期得以缩减，尤其在解决复杂形体、管线综合、绿色建筑等难点问题方面显现了不可替代的优越性。

7.2.1　BIM 基本概念

BIM 的研究和应用在美国起步较早，BIM 概念、标准较多，相比而言 buildingSMART[1] International 及美国的 BIM 标准概念比较全面。

（1）building SMART International BIM 概念

① Building Information Model，中文可以称之为"建筑信息模型"，buildingSMART 对这一层次的解释为：建筑信息模型是一个工程项目物理特征和功能特性的数字化表达，可以作为该项目相关信息的共享知识资源，为项目全生命期内的所有决策提供可靠的信息支持。

② Building Information Modeling，中文可称之为"建筑信息模型应用"，buildingSMART 对这一层次的解释为：建筑信息模型应用是创建和利用项目数据在其全生命期内进行设计、施工和运营的业务过程，允许所有项目相关方通过不同技术平台之间的数据互用在同一时间利用相同的信息。

③ Building Information Management，中文可称之为"建筑信息管理"，buildingSMART 对这一层次的解释为：建筑信息管理是指通过使用建筑信息模型内的信息支持项目全生命期信息共享的业务流程组织和控制过程，建筑信息管理的效益包括集中和可视化沟通、更早进行多方案比较、可持续分析、高效设计、多专业集成、施工现场控制、竣工资料记录等。

（2）美国 BIM 概念

① BIM 是一个设施（建筑模型）物理和功能特性的数字化表达，及其有关信息的共享知识资源。BIM 为其全生命期的各种决策构成一个可靠的基础，这个全生命期定义为从早期的概念一直到拆除。

② BIM 的一个基本前提是项目全生命期内不同阶段不同利益相关方的协同，包括在 BIM 中插入、获取、更新和修改信息以支持和反映该利益相关方的职责。

③ BIM 是基于协同性能公开标准的共享数字表达。

（3）我国 BIM 概念

2016 年 12 月 2 日，住房和城乡建设部发布《建筑信息模型应用统一标准》（GB/T 51212—2016）。标准对建筑信息模型定义为："在建设工程及设施全生命期内，对其物理和功能特性进行数字化表达，并依此设计、施工、运营的过程和结果的总称。简称模型。"

7.2.2　BIM 标准、政策

请扫二维码查看。

---

[1] 中立化、国际性、独立的服务于 BIM 全生命周期的非营利组织。

7.2.3　BIM 在土木工程中的应用

（1）BIM 技术在国外的应用

图 7.1 是 buildingSMART International 对 BIM 在项目全生命周期中应用内容的形象解释。

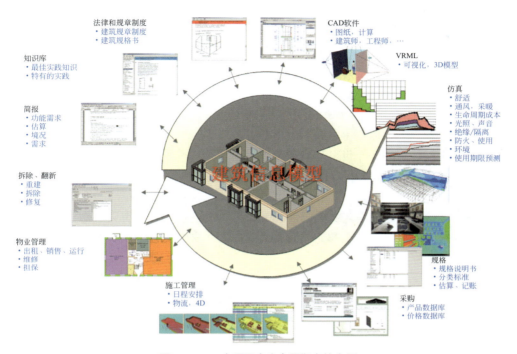

图7.1　BIM 在项目全生命周期中的应用

资料来源：building SMART International

buildingSMART 联盟组织发布的《BIM 项目实施规划指南》中总结归纳了 BIM 在项目规划、设计、施工、运营各阶段中的 25 种应用，包括现状建模、成本预算、阶段规划、规划文本编制、场地分析、设计方案论证、设计建模、能量分析、结构分析、日照分析、设备分析、其他分析、LEED 评估、规范验证、3D 协调、场地使用规划、施工系统设计、数字化加工、三维控制和规划、记录模型、维护计划、建筑系统分析、资产管理、空间管理／追踪、灾害计划，如图 7.2。其中有些应用跨越各个阶段，如现状建模、成本预算贯穿建设项目规划、设计、施工、运营整个生命周期。

（2）BIM 技术在我国的应用

我国目前主要的 BIM 应用也已遍布项目的全生命周期，主要体现在：方案模拟、结构分析、日照分析、工程算量、3D 协调、4D 模拟（3D+ 进度）、5D 模拟（3D+ 进度 + 投资）、施工方案优化、碰撞检查、管线综合、安全管理、三维扫描、数字化放线、数字化建造、灾害模拟、虚拟现实、运维管理等。

如图 7.3 是数据中心项目 BIM 碰撞检查及优化设计，图 7.4 为某数据中心项目 BIM 排版和真实照片的对照，图 7.5 为三维扫描技术的应用，图 7.6 为二维码技术应用于项目建设查询相关静态、动态信息，图 7.7 为平面布置及安全管理，图 7.8 为 4D 模拟，图 7.9 为 5D 模拟，图 7.10 为室内外漫游，图 7.11 为运维管理。

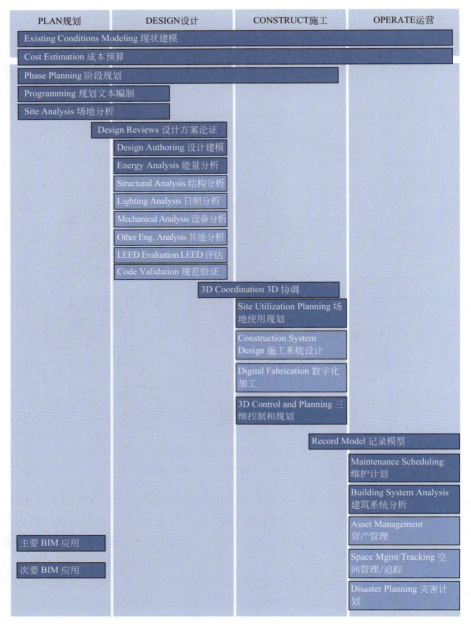

图7.2　buildingSMART 总结的25种 BIM 应用

7.2.4　主要 BIM 软件

主要 BIM 软件请扫二维码查看。

7.2.5　BIM 的特点

BIM 技术能应用于建设项目的规划、勘察、设计、施工、运营等各个阶段，它的核心特点是实现全生命周期各参与方在同一多维建筑信息模型基础上的数据及时更新及共享。BIM 具有以下特点：

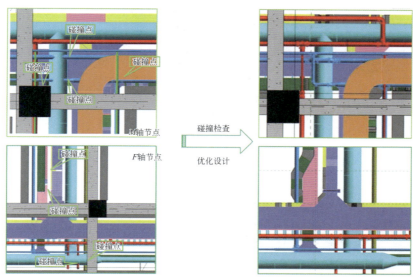

图 7.3　BIM 碰撞检查及优化设计

(a) BIM 排版　　　　　　　　　(b) 真实效果

图 7.4　BIM 排版和真实照片对照

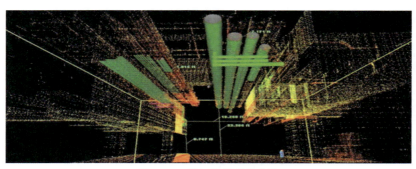

图 7.5　三维扫描技术的应用

图 7.6　二维码技术应用

图 7.7　平面布置及安全管理

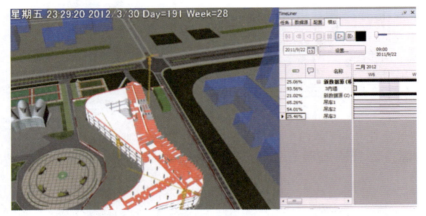

图 7.8　4D 模拟

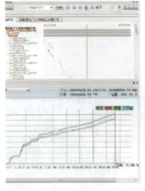

图 7.9　5D 模拟

图 7.10　室内外漫游

图 7.11　运维管理

（1）共享性

BIM 技术的主要特点是能够实现建设项目全生命周期的信息共享。BIM 技术为建设项目的各个参与方提供了一个信息交互的平台，各参与方、各专业间可以通过大数据、云平台等技术实现信息共享、协同工作和精细管理。严格意义上说，没有实现信息共享的技术就算不了是 BIM 技术。

（2）可视化

可视化即"所见即所得"。BIM 技术提供可视化的解决方案，而建筑设计效果图只体现设计意图的表现而不具有真实建造的意义，然而在 BIM 建筑信息模型中，由于整个过程都是可视化的，可视化的结果不仅可以用来展示效果图及报表的生成，更重要的是，在项目规划、设计、建造、运营等过程中的沟通、讨论、决策都在可视化的状态下进行。

（3）协调性

协调工作在工程建设中占用的时间相当大，项目的实施过程中若遇到相关问题，就需要协调各相关参与方一起查找和解决问题。往往时间成本、人工成本耗费很大，BIM 技术可在建筑物建造各阶段，用计算机模拟建造的手段对各专业的设计、施工等问题提前预判，同时通过可视化的手段及时沟通、协调存在的相关专业碰撞、净高控制、工艺要求等各种问题。

（4）模拟性

模拟性不仅表现在能模拟出的建筑物模型，还可以模拟不能够在真实世界中进行操作的事物。在设计阶段，BIM 技术可以对设计上需要进行模拟的一些东西进行模拟，如声环境模拟、节能模拟、紧急疏散模拟、日照模拟等；在招投标和施工阶段可以进行 4D 模拟（3D+进度），也可以进行 5D 模拟（3D+进度+投资），从而实现成本控制；运营阶段还可以进行紧急状况下的人员疏散模拟、模拟项目运维状况等。

（5）优化性

BIM 技术提供了各种优化的可能，整个项目规划、设计、施工、运营的过程就是一个不断优化的过程。BIM 技术可实现三维排版、三维交底、方案验算等，BIM 模型中相关模型元素可赋予高程、坐标、形状样式、位置关系等几何信息以及材质、颜色等非几何信息。运用 BIM 技术可实现项目方案优化，将建设方案与投资成本、回报分析等要素有机结合，实时测算方案调整对建设投入及投资效益的影响，从而为项目决策与方案优化提供有力支撑。

（6）可出图

BIM 并不是为了出具大家日常多见的设计院完成的设计图纸，或一些构件加工的图纸，而

第 7 章

是通过对建筑物进行可视化展示、协调、模拟、优化以后，可以帮助出具经过碰撞检查和设计修改的综合管线排布图、洞口警示图、结构留洞图、安装施工剖面图等图纸。

7.2.6 装配式建筑中 BIM 的应用

装配式建筑的核心是"集成"，BIM 技术是"集成"的手段，串联起设计、生产、施工、装修和管理的全过程，服务于装配式建筑的全生命周期。BIM 技术应用为装配式建筑设计提供强有力的技术保障，避免传统的二维设计容易出现的问题，实现设计三维表达，减少图纸量，有效解决专业间、预制构件间可能出现的碰撞问题。BIM 技术在装配式建筑各个阶段的应用包括以下方面。

① 利用 BIM 进行建筑、结构、装饰、水暖电设备各专业间的信息检测，实现设计协同，避免"撞车"和疏漏，避免专业间的信息孤岛。

② 利用 BIM 进行设计、构件制作、构件运输、构件安装的信息监测，实现各环节的衔接和互动，避免无法制作、运输和安装的现象，实现整个系统的优化。

③ 利用 BIM 优化拆分设计，使得装配式构件在满足建筑结构要求的同时，便于制作、运输与安装；各个专业连续性（包括埋设物）中断的连接点被充分考虑和精心设计。

④ 利用 BIM 进行复杂连接部位和节点的三维可视化技术交底。

⑤ 利用 BIM 进行模具设计，使模具能保证构件形状准确和尺寸精度；保证出筋、预埋件、预留孔洞没有遗漏，定位准确；便于组模、拆模；成本优化。

⑥ 利用 BIM 进行装配式工程组织，使构件制作、运输与施工各个环节无缝衔接，动态调整。

⑦ 利用 BIM 进行施工方案设计，包括起重机布置、吊装方案、后浇筑混凝土施工，各个施工环节的衔接等。

7.3 土木工程智能建造中的其他新兴技术

随着信息技术的飞速发展，土木工程智能建造领域先后涌现出多种新兴技术，这些技术与 BIM 相辅相成，共同推动行业向数字化、智能化、绿色化方向转型。以下是当前具有代表性的新兴技术及其应用场景：

7.3.1 数字孪生

（1）定义

数字孪生（digital twin）是通过数字技术构建物理实体的虚拟映射模型，结合实时数据同步与仿真分析，实现对物理实体的全生命周期动态监控与优化。

（2）主要应用范围

施工过程监控：利用传感器实时采集施工现场数据（如机械状态、环境参数等），通过数字孪生模型模拟施工进度，优化资源配置。

结构健康管理：在运维阶段，通过数字孪生模型分析建筑结构的应力、变形等数据，预测潜在风险并制订维护策略。

灾害模拟与应急响应：模拟地震、台风等极端场景对建筑的影响，评估结构安全性并优化应急预案。

7.3.2　5G 通信技术

（1）定义

5G 是第五代移动通信技术，具有高带宽、低时延、广连接的特点，为大规模数据传输与设备互联提供支持。

（2）主要应用范围

远程操控与协同作业：通过 5G 实时传输高清视频与操作指令，实现挖掘机、塔吊等重型设备的远程精准控制。

物联网设备互联：支持施工现场数百个传感器与智能设备同时联网，实时监控人员定位、设备状态与环境参数。

增强现实（AR）协同：工程师通过 5G+AR 眼镜查看 BIM 模型叠加的施工现场，辅助管线安装或质量检查。

7.3.3　区块链技术

（1）定义

区块链是一种去中心化的分布式账本技术，具有数据不可篡改、可追溯的特点。

（2）主要应用范围

供应链透明化管理：记录建材从生产到运输的全流程信息，确保材料质量可追溯，减少假冒伪劣产品流入工地。

合同与支付自动化：通过智能合约自动执行工程款支付条款，减少人为纠纷，提升结算效率。

资质与权限管理：存储施工人员的资质证书与安全培训记录，确保合规上岗。

7.3.4　3D 打印技术

（1）定义

3D 打印是一种通过逐层堆积材料来构建三维实体的增材制造技术。

（2）主要应用范围

应急工程建设：在灾害现场快速打印临时住房或基础设施，提升救援效率。

绿色建造：利用再生材料（如建筑废料）进行打印，减少资源浪费与碳排放。

7.3.5　增强现实（AR）与虚拟现实（VR）

（1）定义

AR 通过叠加虚拟信息增强现实场景，VR 则构建完全虚拟的沉浸式环境。

（2）主要应用范围

设计可视化与评审：利用 VR 技术构建虚拟建筑空间，供业主与设计师沉浸式体验并优化设计方案。

施工培训与安全演练：通过 AR/VR 模拟高空作业、机械操作等场景，提升工人技能与安全意识。

第 7 章

现场施工指导：工人佩戴 AR 设备查看 BIM 模型与施工步骤的叠加指引，减少操作误差。

7.3.6　人工智能技术

（1）定义

人工智能是指通过计算机系统模拟人类智能的技术，包括学习、推理、感知、决策等能力。其核心技术涵盖机器学习、深度学习、自然语言处理、计算机视觉等，能够通过数据分析和模式识别优化流程、预测结果并解决复杂问题。目前市场主流的生成式人工智能工具主要包括 DeepSeek、ChatGPT、文心一言、豆包、Kimi、智谱清言、讯飞星火等大模型。

（2）发展历程

从 20 世纪 50 年代诞生至今，人工智能经历了多次起伏，近年来随着大数据、计算能力的提升，进入快速发展阶段。深度学习的突破推动了图像识别、语音识别等技术的广泛应用，为各行业带来变革。

（3）主要应用范围

智能设计：AI 技术可以通过深度学习等算法，对大量的建筑设计案例进行学习，从而在新项目的设计阶段提供创新的设计方案。例如，AI 可以基于历史数据预测不同设计方案的性能，同时利用 BIM 技术生成三维可视化图纸，并结合人工智能辅助设计优化空间布局或材料，帮助设计师快速找到最优方案。

智能合同审查：利用自然语言处理技术抽取合同关键条款，识别潜在风险点，提供专业的法律建议，帮助用户规避合同风险，保障合法权益。

智能施工进度监控：通过智能化分析项目计划表，提供施工进度预测，提前发现潜在延误风险，并针对潜在延误提出建议，确保项目按时完成，提高施工管理水平。

智能施工安全管理：通过安装在施工现场的摄像头和传感器，AI 系统能够实时监控施工环境，自动识别潜在的安全隐患（如未佩戴安全帽、高空作业无防护措施等），并及时发出警报，有效预防安全事故的发生。

智能质量控制：利用无人机和 AI 图像识别技术，可以对施工过程中的关键部位进行定期检查，自动检测结构缺陷或施工偏差。例如，通过分析无人机拍摄的图像，AI 能够识别混凝土结构中的裂缝、钢筋外露等问题，提高质量控制的效率和准确性。

智能成本优化：AI 可以通过分析历史项目数据，预测不同施工方案的成本，帮助项目经理做出更经济合理的决策。此外，基于机器学习的材料需求预测模型还可以减少材料浪费，进一步降低成本。

智能维护与维修：对于已建成的基础设施，AI 技术同样发挥着重要作用。通过物联网设备收集的数据，AI 可以预测结构的健康状况，提前发现潜在的问题，实现预防性维护，避免突发故障导致的高昂维修费用。

人工智能技术正在迅速改变传统建设行业，为建筑行业带来新的机遇和挑战。比如利用 DeepSeek 本地化部署，为企业提供高度安全可控的环境，确保数据的安全性和隐私性，减少数据传输的延迟，实现数据不出域；在此基础上构建专属知识库，将行业累积的大量文档、规范图纸、设计等行业素材及企业自有知识库进行智能化整理，形成一套本地化知识体系。在实际应用中，无论是设计师查找历史优秀案例，还是项目经理追踪进度，都能实现快速响应，从而显著提升团队协作质量与决策正确率，为建筑企业带来更高效、更可靠的一体化数字解决方案。统一规范后的知识库也消除了因不同版本造成的人为错误，同时这种知识库的搭建还能够根据企业的实际需求进行定制化优化，为企业沉淀专属的"数字资产"，形成技术护城河。

7.3.7　无人机与低空经济

（1）定义

无人驾驶飞机简称无人机（unmanned aerial vehicle，UAV），是利用无线电遥控设备和自备的程序控制装置操纵的不载人飞机，或者由机载计算机完全地或间歇地自主地操作。低空经济是指以 3000m 以下空域为主要活动范围，通过通用航空器、无人机等载具，结合新能源、数字技术及智能系统，形成的综合性经济形态。其核心在于通过空域资源的开发与技术创新，推动交通、物流、农业、应急管理等多个领域的产业升级，是新质生产力的重要增长极。

（2）主要应用范围

无人机与激光雷达结合，可进行地形测绘与土方计算，快速生成施工现场的实景三维模型，精准计算挖填方量；可进行进度监控与质量巡检，定期航拍对比实际施工进度与 BIM 计划，识别偏差并调整方案；可进行灾害评估，在滑坡、塌方等事故后，无人机快速扫描受损区域，辅助制订修复策略。

智能工地监测与无人机巡检：在大型基建项目中，无人机搭载高精度摄像头和传感器，实时采集施工现场数据，通过 AI 算法分析工程进度、质量及安全隐患。

低空物流与建筑材料运输：在偏远地区或高层建筑工地，无人机运输可突破传统物流限制。

低空智联网与施工协同管理：低空智联网整合通信、导航与监控功能，构建施工区域的三维数字孪生模型。

思考题

1. 简述土木工程智能建造主要内涵。
2. 土木工程能否完全实现全过程的建造智能化？
3. 什么是 BIM 技术？
4. BIM 技术有何特点？
5. BIM 技术可以解决土木工程中的哪些问题？
6. 智能建造应用了哪些其他新兴技术？

在线习题

土木

工程

导论

INTRODUCTION TO
CIVIL ENGINEERING

第8章
土木工程的未来

　　土木工程要根据我国国情对我国国土空间进行充分利用和开发，让土木工程向高空、地下、沙漠戈壁、海洋、低丘缓坡等未利用地进军，我们还要考虑未来太空的土木工程问题。作为一名未来的土木工程师，如何规划自己的未来？读者可以带着对土木工程未来的憧憬，学习和思考土木工程的未来。

在线视频
在线习题
读者交流

我国的土木工程未来会如何发展？

土木工程是随着人类社会的发展而不断变化和进步的。现代生活水平不断提高、科学技术的飞速发展，对土木工程提出了更新、更高的要求，需要我们不断地发展现代土木工程事业。

地球上可以居住、生活和耕种的土地和资源是有限的，特别是我国人口基数大，可高效利用的土地面积少，还要保护有效耕地，为了争取更多的生存空间，土木工程要向高空、地下、沙漠戈壁、海洋、低丘缓坡未利用地索取空间（图 8.1）。

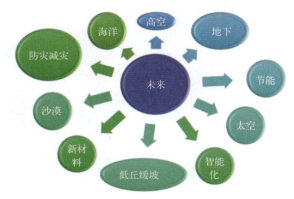

图 8.1　土木工程的未来发展方向

8.1　土木工程向高空延伸

受多重社会、经济和技术因素的驱动，土木工程向高空延伸是当前建筑领域的重要发展趋势。我国是个人口大国，要不断地改善居民生活和居住条件，在少占用有效土地的情况下，修建高层和超高层建筑是一条重要途径。超高层建筑被视为现代化和科技实力的象征，我国已具备建造 500m 以上超高层建筑的技术能力，如 632m 的上海中心大厦等。超高层建筑集办公、商业、居住等功能于一体，缩短了城市内部活动距离，提高了资源利用效率。

未来，随着智能建造、建筑材料等的技术突破，高空建筑将在安全、功能与生态效益上实现更深层次的平衡。

现在人工建筑物最高的为 828m 的阿联酋迪拜的哈利法塔。日本拟在东京建造 800.7m 高的千年塔，将工作、休闲、娱乐、商业、购物等融于一体的抗震竖向城市中，居民可达 5 万人。印度也提出将投资 50 亿建造超级摩天大楼，其地上共 202 层，高达 710m。

拓展阅读

　　超高建筑的高度纪录不断被突破，中东地区除了已建成的目前世界上最高建筑哈利法塔外，还正在建造王国塔，设计高度 1007m。

8.2　土木工程向地下发展

　　近代的地下建筑工程，开始是在采矿、地下交通运输、市政、工业和水工地下建筑工程等方面得到广泛的发展，如矿井和巷道、铁路隧道和道路隧道、地下铁路和水底隧道、地下仓库和油库，城市地下综合管廊以及各种用途的输水和其他的水工隧洞等。

　　通过地下空间开发，整合城市交通枢纽、商业设施、开放空间、公园绿地等城市要素，形成地上地下一体化、复合化的新型城市公共空间。1991 年在东京召开的城市地下空间国际学术会议通过了《东方宣言》，提出了"21 世纪是人类开发利用地下空间的世纪"。建造地下建筑将有效改善城市拥挤、节能和减少噪声污染等。以日本为例，日本于 20 世纪 50 年代末至 70 年代大规模开发利用浅层地下空间，到 80 年代末已开始研究 50～100m 深层地下空间的开发利用问题。日本东京 500 kV 地下变电站，深达地下 70 m。目前世界上共修建水电站地下厂房约 350 座，最大的为加拿大的格朗德高级水电站。我国城市地下空间的开发尚处于初级阶段，目前主要以修建地铁、地下综合管廊、地下停车场和地下商业开发为主。

（1）地下铁路

　　随着城市建设的飞速发展，城市人口越来越集中，发达国家地下工程的开发重要集中在 20 世纪，1863 年 1 月 10 日，世界上第一条地铁——伦敦地铁运行。发达国家同时建设了配套的城市地下综合管廊，拥有大量地下商业、生活服务和防空系统。

　　我国地下铁路的建设起步较晚，首条地铁始建于 1965 年。2025 年 1 月 15 日，交通运输部发布 2024 年城市轨道交通运营数据速报。截至 2024 年 12 月 31 日，31 个省（自治区、直辖市）和新疆生产建设兵团共有 54 个城市开通运营城市轨道交通线路 325 条，运营里程 10945.6km，车站 6324 座（图 8.2）。中国城市轨道交通产业步入了高速发展时期，解决大城市交通问题主要手段之一是要修建地下铁路，以保障居民快速顺利出行。

（2）地下综合管廊

　　我国已有百余个城市计划开展综合管廊建设，市场规模达到万亿级别。数据显示，截至 2020 年，中国已建成地下综合管廊总长度超过 30000km，其中以一线城市和新一线城市为主，占比超过 60%。预计未来几年内，中国地下综合管廊的总长度将进一步增加至 50000km 以上。城市地下综合管廊的建设是一个城市走向

图 8.2　某地铁车站

现代化高质量发展的标志（图8.3、图8.4），地下综合管廊必将解决城市乱开乱挖问题，减少对居民生活的影响。未来我国地下综合管廊建设任重而道远，土木工程必须研究新技术在管廊建设中实现免开挖或少开挖。

（3）其他地下工程

近30年来，由于一些尖端产品的生产工艺对恒温、恒湿条件的严格要求（如精密导弹仪表等），将生产这些产品的车间设在地下更显示其优越性。为了获得更高的水头，或节省高山峡谷内大面积的地面开挖工程量，多年来在世界范围内修建了大量的水电站地下厂房及其附属洞室（图8.5）。在一些北欧国家（如瑞典等），为了节约地上工程建成后的运营和维护费用（如装修、通风、取暖、照明以及平日维修保养方面耗用的资金），与山区地面施工经过详细的技术经济比较以后，也常将一些工业建筑物改设在地下，如地下工厂（图8.6）。

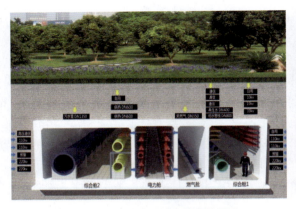

图8.3　城市绿地地下综合管廊效果图

图8.4　道路下的地下综合管廊效果图

图8.5　某地下水电厂

图8.6　某地下工厂

一定厚度的岩层和土层，可以承受来自地下建筑物内部的超压，能够防止和限制因在地下建筑物内部贮存高压气体引起的爆炸危害。此外，地下环境的密闭性也为防范火灾的发生和蔓延，以及为减轻环境污染提供有利条件，如将核废料和工业垃圾封存于深层地下的岩洞内是一种有效的措施。但是，修建地下建筑物对地质条件要求较高，技术难度大，施工比较困难、工期长，一次性投资大，以及地下工作和生活条件较差（阴冷、潮湿、噪声、排烟和缺少光照等问题不易解决）。这些局限性将随着生产力的提高和科学技术的进步得到改善和克服。

各种特殊用途的地下工程和军事地下工程对土木工程未来在地下技术开发上提出了更多和更高的要求，将促使土木工程地下开发理论和技术向更高水平发展。

（4）地下工程开发的新尝试

近 10 年来，我国在地下工程开发上有很多新的尝试，如西安幸福林项目就是典型的地下开发工程之一，必将引领我国地下工程开发的新方向。

西安幸福林项目是全球最大地下空间利用工程之一，全国最大的城市林带工程、陕西省重点工程，也是西安市最大的市政工程、生态工程和民生工程，被誉为"世纪工程"。总投资 240 亿元，全长 5.85km，横跨新城区、雁塔区、灞桥区。项目涵盖地上景观、市政道路、地下空间、综合管廊和地铁配套五大系统：地上打造 70 万 m^2 生态林带，绿化覆盖率达 85%；地下三层空间达 92 万 m^2，包含 42 万 m^2 商业体、7600 个车位及 12.43km 智慧综合管廊，集成燃气、电力等 6 类管线并采用 AI 智能巡查；市政道路改造 12km，形成双向六车道；地铁 1、6、7、8 号线在此设 5 个换乘站，构成立体交通网。

 拓展阅读

西安幸福林项目的三大功能区。

8.3　土木工程走向海洋

土木工程走向海洋是突破陆地资源约束、保障国家战略需求和探索可持续发展模式的必然选择。全球陆地开发逼近生态极限，海洋成为城市扩张与交通枢纽建设的新载体，如日本关西国际机场（填海 1000m 跑道）、大连金州湾国际机场（填海 20.87km² 离岸人工岛）等，通过吹填技术实现土地资源创造；国家战略层面，我国南海岛礁工程（永暑礁、渚碧礁等）以吹填成陆构建战略支点，配套机场、医院等设施强化海域管控，迪拜棕榈岛（延伸海岸线 720km）和海南海花岛（8km² 文旅综合体）则通过人工岛重塑区域经济格局；技术创新上，耐腐蚀材料、水下机器人及卫星定位技术支撑了深海工程与精准施工，如港珠澳大桥防腐体系、棕榈岛防波堤设计等；与此同时，海洋工程兼顾生态修复（红树林种植、珊瑚礁保护）与清洁能源开发（海上风电桩基），推动人海共生。未来，随着智能化、深水化技术突破，海洋工程将向深远海城市、生态化岛礁等方向拓展，持续引领人类生存空间与资源利用模式的革新。

 拓展阅读

土木工程走向海洋的工程案例。

第 8 章

8.4   土木工程向沙漠进军

沙漠占地球陆地面积的 1/3，而我国沙漠面积达 71 万 km²。通过工程技术创造可利用土地空间，如塔克拉玛干沙漠公路（总长超 1200km，是世界最长的贯穿流动沙漠的等级公路，也是中国最早的沙漠公路）等，为城市扩张、交通网络延伸提供新载体。

全球沙漠工程正从被动防御（如固沙）转向主动开发（如城市建造与能源利用），中国在防风固沙技术（草方格）、沙漠公路网及沙产业领域处于领先地位，而沙特、埃及等国的超大型项目则展现了沙漠开发的无限潜力。未来土木工程向沙漠进军需攻克的核心问题包括：深部水资源利用、极端环境材料研发（如耐 70℃高温沥青），以及生态 - 经济平衡模式创新。

拓展阅读

人类对沙漠的改造。

8.5   土木工程向低丘缓坡未利用地获取建设用地

为了探索我国山地丘陵地区工业化、城镇化和农村新居建设用地的科学布局，合理利用土地，更有效地保护优质耕地，促进节约集约用地，原国土资源部批准在部分省（区）开展低丘缓坡荒滩等未利用土地开发利用试点。

低丘缓坡荒滩等未利用土地开发利用试点，是指选择具有一定规模、具备成片开发利用条件的低丘缓坡荒滩区域。推进低丘缓坡荒滩等未利用土地被开发利用，是从我国人多地少、耕地资源稀缺和大部分县市地处丘陵山区的国情出发，落实十分珍惜、合理利用土地和切实保护耕地的基本国策，加强土地资源节约和管理工作的重要政策；是在新形势下统筹保障发展和保护资源，拓展建设用地新空间，因地制宜保障和促进工业化、城镇化和农村新居建设用地的重要途径；是有效减少工业、城镇及农村新居建设占用城市周边和平原地区优质耕地、切实保护耕地特别是基本农田的重要举措；是统筹优化城乡用地结构和布局，充分开发未利用土地，增加建设用地有效供给，缓解用地供需矛盾，促进经济社会发展与土地资源利用相协调的重要保障。近年来，我国已在丘陵山区修建了昆明长水、重庆巫山、延安南泥湾、陇南成县、河池金城江（图 8.7）、吕梁、攀枝花保安营、九寨黄龙、十堰武当山等多个推山造地的高填方机场，解决了当地建设用地不足的问题。

低丘缓坡荒滩等未利用土地的开发利用必须将地质灾害和水土流失防治、生态环境保护置于优先地位，结合相关规划和设计，做好地质灾害危险性评估、水土流失评价和环境质量影响评价，制订防治措施，切实保障生态环境安全。例如，我国已在云南、贵州、延安、兰州等地进行了有益的尝试（图 8.8）。下面介绍几个典型的推山造地建设工程。

图 8.7　推山填沟建造的河池金城江机场

图 8.8　推山造地建设中的兰州福源新城

（1）　延安新区（扫二维码查看）
（2）　兰北新区和兰州新区荒山造地（扫二维码查看）
（3）　昆明长水机场建设（扫二维码查看）

8.6　土木工程迈向太空

　　你是否想过在月球上建造房屋？作为航天大国，中国始终致力于月球基地的建设工作。月球基地是人类在月球上建立的生活与工作区域。2020 年，嫦娥五号成功完成月球正面采样任务，带回 1731g 月壤，实现了我国首次地外天体采样返回；2024 年，嫦娥六号着陆月球背面的南极 - 艾特肯盆地，完成人类首次月背软着陆与采样，共获取 1935.3g 月壤。中国科学家已展开空间建造月球基地的探索，丁烈云团队提出采用真空烧结月壤制作带有榫卯结构的月壤砖，将传统砌筑工艺与 3D 打印技术相结合，实现月球基地建造。从材料科学到智能建造，从地球试验到深空实践，土木工程迈向太空正促进多学科交叉融合。

8.7　土木工程向绿色节能方向发展

　　当前土木工程领域在可持续发展方面面临"两高一低"挑战：建筑能耗总量和单位面积能耗持续增长（百户家电数量从20世纪80年代的30台增至现今100台），建筑能耗占比达社会总能耗1/3，而能效却在降低。我国自1986年起逐步实施节能30%、50%和65%的建筑节能设计标准，"十二五"期间累计形成1.16亿吨标煤节能能力。

　　节能建筑与绿色建筑存在本质差异：前者仅需符合强制性能耗标准，后者则涵盖节能、节地、节水、节材、室内环境和物业管理六大体系。技术路径上优先发展太阳能光热/光电一体化及热泵技术，需解决设备集成美观度与产业化水平问题，推动零耗能建筑建设。

　　建筑材料方面，钢结构建筑占比仅10%左右（远低于欧美的50%），建筑废弃物利用率5%（欧美达80%），材料革新与循环利用仍有较强紧迫性。未来需通过智能监控、高性能材料和装配式技术实现土木工程向绿色节能方向转型升级。

 拓展阅读

土木绿色节能相关案例。

8.8　土木工程智能化及智能建造

　　（扫二维码查看）

8.9　新型材料将改变土木工程的发展方向

　　（扫二维码查看）

8.10　土木工程是防灾减灾的最主要手段之一

　　（扫二维码查看）

思考题

在线习题

1. 展望土木工程的未来发展。
2. 未来土木工程如何在环境保护和绿色发展中发挥作用?
3. 未来的土木工程对新材料有何要求?
4. 畅想未来太空土木工程建造。
5. 土木工程在我国未来西北沙漠戈壁改造中将发挥什么作用?
6. 展望未来我国海洋土木工程的发展方向?

参考文献

[1] 高等学校土木工程学科专业指导委员会 . 高等学校土木工程本科指导性专业规范 [M]. 北京：中国建筑工业出版社，2011.

[2] 熊峰 . 土木工程概论 [M].3 版 . 武汉：武汉理工大学出版社，2023.

[3] 中华人民共和国国务院 . 国务院关于印发 "十四五" 现代综合交通运输体系发展规划的通知 [EB/OL]. （2021-12-9）[2025-02-01]. https://www. gov. cn/gongbao/content/2022/content_5672664. htm.

[4] 中华人民共和国住房和城乡建设部 . 住房和城乡建设部关于印发 "十四五" 建筑业发展规划的通知 [EB/OL]. （2022-01-27）[2025-02-05]. https://www. gov. cn/zhengce/zhengceku/2022/01/27/content_5670687. htm.

[5] 中共中央　国务院 . 中共中央　国务院印发《国家水网建设规划纲要》[EB/OL]. （2023-05-25）[2025-02-05]. https://www. gov. cn/zhengce/202305/content_6876214. htm.

[6] GB 50068—2018. 建筑结构可靠性设计统一标准 [S].

[7] 周云，李伍平，等 . 土木工程防灾减灾概论 [M]. 北京：高等教育出版社，2005.

[8] 朱彦鹏，王秀丽，等 . 土木工程导论 [M].2 版 . 北京：化学工业出版社，2021.

[9] 朱彦鹏，邵永健 . 混凝土结构基本原理 [M]. 北京：中国建筑工业出版社，2012.

[10] 朱彦鹏 . 混凝土结构设计 [M]. 北京：高等教育出版社，2014.

[11] 朱彦鹏 . 特种结构 [M].4 版 . 武汉：武汉理工大学出版社，2012.

[12] 朱彦鹏，等 . 建筑与太阳能一体化技术与应用 [M]. 北京：科学出版社，2016.

[13] 徐义屏 . 预制装配化：建筑业转型升级的重要途径 [J]. 建筑，2013（15）：8-9.

[14] 栗新 . 工业化预制装配式（PC）住宅建筑的设计研究与应用 [J]. 建筑施工，2008，30（3）：201-202,208.

[15] 宋非非 . 预制装配式混凝土结构技术的研究与应用 [J]. 住宅产业，2010（4）：86-88.

[16] 黄小坤，田春雨 . 预制装配式混凝土结构研究 [J]. 住宅产业，2010（9）：28-32.

[17] GB/T 51212—2016. 建筑信息模型应用统一标准 [S].

[18] 中华人民共和国住房和城乡建设部 . 住房城乡建设部关于印发推进建筑信息模型应用指导意见的通知 住房城乡建设部关于印发推进建筑信息模型应用指导意见的通知 [EB/OL]. （2015-07-01）[2025-02-28]. https://www. mohurd. gov. cn/gongkai/zc/wjk/art/2015/art_17339_222741. html.

[19] 中华人民共和国住房和城乡建设部 . 住房城乡建设部关于印发 2016—2020 年建筑业信息化发展纲要的通知 [EB/OL]. （2016-09-19）[2025-02-28]. https://www. mohurd. gov. cn/gongkai/zc/wjk/art/2016/art_17339_228929. html .

[20] GB/T 51235—2017. 建筑信息模型施工应用标准 [S].

[21] 陈长流，寇巍巍 .Revit 建模基础与实战教程 [M]. 北京：中国建筑工业出版社，2018.

[22] 中国图学学会 BIM 专业委员会 . 第二届全国 BIM 学术会议论文集 [M]. 北京：中国建筑工业出版社，2016.

[23] 何关培 . 如何让 BIM 成为生产力 [M]. 北京：中国建筑工业出版社，2015.

[24] 土木工程专业发展史记编写组 . 土木工程专业发展史记 [M]. 北京：中国建筑工业出版社，2022.